中等职业教育"十三五"规划教材

计算机平面设计专业创新型系列教材

Illustrator 平面设计岗位项目制作

王铁军　主编

谢世芳　袁　霞　郭玉刚　王懋芳　副主编

U0341168

科学出版社

北　京

内 容 简 介

本书由来自教学一线、具有丰富经验的中等职业学校教师、企业技术人员编写。本书共 10 个项目，系统地介绍了 Illustrator 平面设计岗位项目的制作方法。每个项目以"学习目标"和"知识准备"提出，进而明确"项目核心素养基本需求"。一个项目包括几个任务，每个任务都通过"岗位需求描述"来说明具体岗位的实际需求，进而给出"设计理念思路"和"素材与效果图"；最具特色的是在每个任务学习和操作之前，提示学生要完成此任务所必须掌握的"岗位核心素养的技能技术需求"，帮助学生轻松学习、轻松设计，达到知行合一。任务完成后以"任务小结"总结任务要点，使学生能够举一反三，掌握操作技巧。

本书可作为 Illustrator 软件初学者的入门教材，也可作为图形图像创作、影视广告、包装设计等设计领域人员的参考用书，还可作为计算机培训学校图形图像类专业的教材。

图书在版编目（CIP）数据

Illustrator 平面设计岗位项目制作/王铁军主编. —北京:科学出版社,2018
（中等职业教育"十三五"规划教材·计算机平面设计专业创新型系列教材）

ISBN 978-7-03-055796-4

Ⅰ. ①I… Ⅱ. ①王… Ⅲ. ①平面设计-图形软件-中等专业学校-教材
Ⅳ. ①TP391.41

中国版本图书馆 CIP 数据核字（2017）第 300832 号

责任编辑：陈砺川 王会明 / 责任校对：陶丽荣
责任印制：吕春珉 / 封面设计：东方人华平面设计部

科 学 出 版 社出版
北京东黄城根北街 16 号
邮政编码：100717
http://www.sciencep.com
三河市骏杰印刷有限公司印刷
科学出版社发行　各地新华书店经销
*
2018 年 3 月第 一 版　　开本：787×1092　1/16
2021 年 8 月第四次印刷　　印张：18 3/4
字数：445 000
定价：47.00 元
（如有印装质量问题，我社负责调换〈骏杰〉）
销售部电话 010-62136230　编辑部电话 010-62135397-2008

《Illustrator 平面设计岗位项目制作》
编写人员

主　编　王铁军
副主编　谢世芳　袁　霞　郭玉刚　王懋芳
参　编　陈素晴　林彩霞　刘文娜　陆文婷　李浩明　林海英
　　　　陈　慧　莫旭樱　谢先梅　杨蒲菊　苏　青　吕崧昌
　　　　程诗云　陈　俊　朱思进　宋宝玲　彭　军

F 丛 书 序
FOREWORD

当今社会信息技术迅猛发展，互联网+、工业 4.0、大数据、云计算等新理念、新技术层出不穷，信息技术的最新应用成果已渗透到人类活动的各个领域，不断改变着人类传统的生产和生活方式，对信息技术的应用能力已成为当今人们所必须具备的基本能力。职业教育是国民教育体系和人力资源开发的重要组成部分，信息技术基础应用能力及其在各个专业领域应用能力的培养，始终是职业教育培养多样化人才、传承技术技能、促进就业创业的重要载体和主要内容。信息技术的不断更新迭代及在不同领域的普及和应用，直接影响着技术技能型人才信息技术能力的培养定位，引领着职业教育领域信息技术类专业课程教学内容与教学方法的改革，使之不断推陈出新、与时俱进。

2014 年，国务院出台《国务院关于加快发展现代职业教育的决定》，明确提出要"形成适应发展需求、产教深度融合、中职高职衔接、职业教育与普通教育相互沟通，体现终身教育理念，具有中国特色、世界水平的现代职业教育体系"，要实现"专业设置与产业需求对接，课程内容与职业标准对接，教学过程与生产过程对接，毕业证书与职业资格证书对接，职业教育与终身学习对接"。2014 年 6 月，全国职业教育工作会议在京召开，习近平主席就加快发展职业教育做出重要指示，提出职业教育要"坚持产教融合、校企合作；坚持工学结合、知行合一"。现代职业教育的发展将带来人才培养模式、教育教学方式和办学体制机制的巨大变革，这无疑给职业院校信息技术应用人才的培养提出了新的目标。信息技术类相关专业的教学必须要顺应改革，始终把握技术发展和人才培养的最新动向，推动教育教学改革与产业转型升级相衔接，突出"做中学、做中教"的职业教育特色，强化教育教学实践性和职业性，实现学以致用、用以促学、学用相长。

2009 年，教育部颁布了《中等职业学校计算机应用基础教学大纲》；2014 年，教育部在 2010 年新修订的专业目录基础上，相继颁布了计算机应用、数字媒体技术应用、计算机平面设计、计算机动漫与游戏制作、计算机网络技术、网站建设与管理、网络安防系统安装与维护、软件与信息服务、客户信息服务、计算机速录、计算机与数码产品维修等 11 个计算机类相关专业的教学标准，确定了专业教学方案及核心课程内容的指导意见。

为落实教育部深化职业教育教学改革的要求，使国内优秀中职学校积累的宝贵经验得以推广，"十三五"开局之年，科学出版社组织编写了这套中等职业教育信息技术类创新型规划教材，并将于"十三五"期间陆续出版发行。

本套教材是"以就业为导向，以能力为本位"的"任务引领"型教材，无论是教学体系的构建、课程标准的制定、典型工作任务或教学案例的筛选，还是教材内容、结构的设计与素材的配套，均得到了行业专家的大力支持和指导，他们为本套教材提出了十分有益的建议；

同时，本套教材也倾注了 30 多所国家示范学校和省级示范学校一线教师的心血，他们把多年的教学改革成果、经验收获转化到教材的编写内容及表现形式之中，为教材提供了丰富的素材和鲜活的教学案例，力求符合职业教育的规律和特点，力争为中国职业教学改革与教学实践提供高质量的教材。

本套教材在内容与形式上具有以下特色。

1. 行动导向，任务引领。将职业岗位日常工作中典型的工作任务进行拆分，再整合课程专业知识与技能要求，这是教材编写工作任务设计时的原则。以工作任务引领知识、技能及职业素养，通过完成典型的任务激发学生成就感，同时帮助学生获得对应岗位所需要的综合职业能力。

2. 内容实用，突出能力培养。本套教材根据信息技术的最新发展应用，以任务描述、知识呈现、实施过程、任务评价以及总结与思考等内容作为教材的编写结构，并安排有拓展任务与关联知识点的学习。整个教学过程与任务评价等均突出职业能力的培养，以"做中学，做中教""理论与实践一体化教学"作为体现教材辅学、辅教特征的基本形态。

3. 教学资源多元化、富媒体化。教学信息化进程的快速推进深刻地改变着教学观念与教学方法。教学资源对改变教学方式具有重要意义，本套书的教学资源包括教学视频、音频、电子教案、教学课件、素材图片、动画效果、习题或实训操作过程等多媒体内容，读者可通过登录 www.abook.cn 下载，或通过扫描书中提供的二维码，获取丰富的多媒体配套资源。多元化的教学资源不仅方便了传统教学活动的开展，还有助于探索新的教学形式，如自主学习、渗透式学习、翻转课堂等。

4. 以学生为本。本套教材以培养学生的职业能力和可持续性发展为宗旨，教材的体例设计与内容的表现形式充分考虑到学生的身心发展规律，案例难易程度适中，重点突出，体例新颖，版式活泼，便于阅读。

当然，任何事物的发展都有一个过程，职业教育的改革与发展也是如此。本套教材的开发是我们探索职业教育教学改革的有益尝试，其中难免存在这样或那样的不足，敬请各位专家、老师和广大同学不吝指正。希望本系列创新型教材的出版助推优秀的教学成果呈现，为我国中等职业教育信息技术类专业人才的培养和现代职业教育教学改革的探索创新做出贡献。

工业和信息化职业教育教学指导委员会委员

计算机专业教学指导委员会副主任委员

P 前 言
PREFACE

本书是在知行合一理念的指导下，结合平面设计岗位需求，将理实一体、岗位核心素养及技能技术水平等要素进行融合编写而成的。

本书涵盖了实际工作中的各项功能技术，计算机平面设计岗位包括广告策划、广告创意、设计与制作、创意设计与编排及技术管理等，其岗位核心素养是培养高素质技能型人才的必要条件。遵循"教—学—做—用"理念，重点在教材建设和开发中更加注重与实际岗位相对接。"理实一体化"教学教材改革是依据国务院、教育部有关职业教育改革与发展的文件精神，落实贯彻"以就业为导向，以素质为本位，以能力为核心，以服务为宗旨"的职业教育方针。改革的基本思路是实施"教—学—做"一体化的教育教学和培养模式，有计划、有步骤地开展课程体系和教学内容、教学（培训）方式和评价标准等全方位改革，使专业技能训练符合社会岗位需求和学生心理成长规律，从而改善学生的学习品质，改善教育教学的效果和质量，实现职业教育和专业培养目标。

课程教学学时分配如下表所示。

教学内容	理实一体化学时
项目 1　Illustrator CS6 基础知识学习	4
项目 2　平面设计基础知识学习	6
项目 3　卡通形象及插画设计	8
项目 4　创意文本及版式设计	6
项目 5　创意标志设计	6
项目 6　艺术节开幕式企划与广告设计	8
项目 7　书装设计	6
项目 8　饮食包装设计	6
项目 9　生活用品包装设计	6
项目 10　宣传册设计	8
复习	6
考试	2
合计	72

注：按周学时为 4、学期教学周数为 18 周计算，总学时为 72 学时。

本书由中山市港口理工学校王铁军担任主编，并负责全书框架设计，确定编写分工和编写内容；谢世芳、袁霞、郭玉刚、王懋芳担任副主编。本书编写人员主要来自中山市沙溪理工学校、中山市港口理工学校、中山市中等专业学校、中山市第一中等职业技术学校、中山市南朗理工学校、中山市建斌中等职业技术学校、中山市东凤镇理工学校、深圳市第三职业技术学校、东莞理工学校和广东省财经职业技术学校等。此外,参与本书编写的还有陈素晴、朱思进、宋宝玲、彭军等,编者在编写本书的过程中得到了所在学校领导和相关行业企业的大力支持,在此一并致以衷心的感谢。

本书配有教学资源,包括教学课件、微课资源、案例素材、源文件和效果文件等,可登录 www.abook.cn 下载相关教学资源。其中,微课资源也可通过扫描书中二维码观看。

由于时间仓促及编者水平有限,书中难免存在疏漏之处,恳请广大读者批评指正。

C目 录
ONTENTS

Illustrator CS6 基础知识学习

学习目标

认识 Illustrator CS6 的工作界面，掌握 Illustrator CS6 基本绘图工具的使用方法，灵活使用各种工具进行图形的绘制，了解各工作面板的作用及使用方法。

知识准备

了解 Illustrator CS6 软件的基础知识，熟练使用鼠标进行图形的绘制，并对颜色模式图像类型有基本的了解。

项目核心素养基本需求

掌握 Illustrator CS6 软件中基本工具的使用方法，包括矩形工具、椭圆工具、圆角矩形工具、文字工具、星形工具、实时上色工具、渐变工具、旋转工具、钢笔工具；认识常用工具面板，如"路径查找器""渐变填充"等；有基本的绘画能力，能根据客户需求绘画及设计实用的图标。

任务 1.1　Illustrator CS6 中的工具运用——图标绘制

▋岗位需求描述

在很多场合，我们需要用到一些小图标，这些图标不仅清晰美观，而且能使用户快速理解其作用，因此被广泛应用于网页、广告、门牌、卡片等。图标大多由简单的图形组成，简单明了，同时配有相关文字。本任务是为某酒店制作 4 个公共场所图标，要求图案清晰、易懂，使用户一目了然。要求 4 个图标风格一致，统一使用正圆的图形，但要使用 4 种不同的色彩，画板使用横向 A4 纸版面。

▋设计理念思路

本任务是使用文字工具和椭圆工具制作一组图标效果，通过透明度的设置，实现图标高光质感。图形使用基本的圆形、圆角矩形、三角形等，通过对图形的绘制和组合，形象地表达电视、宠物寄养、监控、咖啡区等区域。

▋素材与效果图

素材	效果图
无	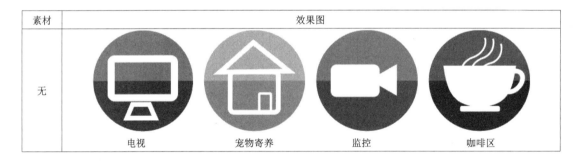 电视　　　　宠物寄养　　　　监控　　　　咖啡区

▋岗位核心素养的技能技术需求

掌握灵活运用基本图形工具的技巧，掌握"路径查找器"面板的使用技巧，掌握图形透明度的设置方法及运用技巧，掌握图形的复制、移动等基本操作，能提高实际的工作效率。

┌任务实施┐

1）新建文件，设置画板大小为 A4 纸，横向。

2）使用椭圆工具 ⬭ 在画板上绘制椭圆，设置椭圆的高度和宽度都为 6cm。将椭圆填充为红色 CMYK（0，90，85，0），边框颜色为无。效果图如图 1-1-1 所示。

图标绘制

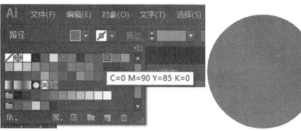

图 1-1-1　绘制红色椭圆

3）按组合键 Ctrl+C 复制红色的圆形，按组合键 Ctrl+F 将复制的图形粘贴到上层。选择矩形工具，以圆形的圆心所在水平线为边界，绘制矩形，位置如图 1-1-2 所示。

4）按组合键 Ctrl+Shift+F9，打开"路径查找器"面板，选中上层的圆形和矩形，单击"减去顶层"按钮，如图 1-1-3 所示。

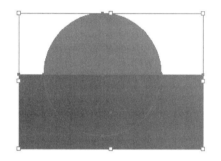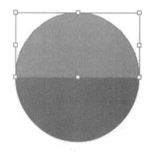

图 1-1-2　绘制矩形位置及效果　　　　　　图 1-1-3　将上层的圆形减去矩形区域

5）将得到的半圆形填充为白色，打开"透明度"面板将不透明度设置为 30%，效果如图 1-1-4 所示。

图 1-1-4　调整图形不透明度

6）使用圆角矩形工具在绘制好的图形上方绘制圆角矩形，绘制过程中，可以通过"↑"和"↓"方向键控制圆角的大小。设置圆角矩形的填充颜色为无，边框颜色为白色，描边粗细为 12pt，效果如图 1-1-5 所示。

图 1-1-5   绘制圆角矩形屏幕

7）绘制底座，使用矩形工具在圆角矩形的下面绘制大小合适的矩形，调整矩形的边框粗细为 8pt，使用直接选择工具 ![图标] 分别选中矩形上方的两个锚点，分别使用"→"和"←"方向键向中间微调，形成梯形，效果如图 1-1-6 所示。

图 1-1-6   绘制底座

8）使用文字工具 T 输入"电视"，效果如图 1-1-7 所示。

9）使用选择工具 ![图标] 选中图标的所有图形对象，按组合键 Alt+Shift，按住鼠标左键并向右拖动，修改复制后大圆的颜色，效果如图 1-1-8 所示。

图 1-1-7   输入图标文字　　　　　　　　　　　图 1-1-8   复制图标

提　示

　按住 Alt 键，移动对象时可以复制对象；按组合键 Alt+Shift，则可以保证复制时所有对象保持在同一个水平线。

10）使用相同的方法，绘制其他图标，完成后效果如图 1-1-9 所示。

电视　　　宠物寄养　　　监控　　　咖啡区

图 1-1-9　图标最终完成效果

课堂拓展

运用所学的设计方法和工具制作天气图标，效果如图 1-1-10 所示。

图 1-1-10　任务 1.1 课堂拓展效果图

任务小结

本任务运用了矩形工具、椭圆工具、圆角矩形工具、文字工具等绘制图标，根据系列图标的特点，使用先复制再修改的方法可以提高工作效率。

任务 1.2　Illustrator CS6 中的工具运用——实时上色：清荷绿香

岗位需求描述

生活中，我们经常可以看到许多色彩缤纷的标志，这些标志的图形色彩的填充讲究对称或渐变，从形状来看，图形作品还呈现出一定的层次和规律。其实，这些都可以使用实时上色工具来实现，并结合其他工具，如旋转工具、选择工具，以及使用"路径查找器"面板进行图形的组合、修剪、合并等操作。

■ **设计理念思路**

使用椭圆工具绘制圆形，并使用"路径查找器"面板对两个圆形进行修剪，得到花瓣图形；使用旋转工具复制图形，形成组合效果；建立实时上色对象，并使用实时上色工具对图形进行上色；旋转对象时使用复制的方法，以减少重复的工作，提高工作效率。

■ **素材与效果图**

素材	效果图
无	

■ **岗位核心素养的技能技术需求**

灵活使用"路径查找器"面板快速完成图形的修剪和合并，以提高工作效率。旋转复制图形是设计中常用的手法，能轻松快捷地制作出简单精美的图形。

任务实施

1. 新建文档

新建文档，设置名称为"清荷绿香"，画板的宽度为20cm，高度为20cm，如图1-2-1所示。

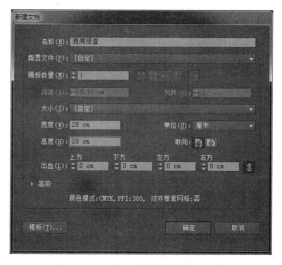

制作"清荷绿香"操作视频

图 1-2-1 新建"清荷绿香"文档

2. 制作基本图形

1）双击椭圆工具，在弹出的"椭圆"对话框中设置图形的宽度为6cm，高度为11cm，如图1-2-2所示。

2）选中椭圆，使用直接选择工具，设置填充颜色为无，边框颜色为黑色，以便看到清晰的效果。按住Alt键，按住鼠标左键并拖动椭圆，进行复制，效果如图1-2-3所示。

3）使用选择工具选中两个椭圆，按组合键Ctrl+Shift+F9，打开"路径查找器"面板，如图1-2-4所示。

 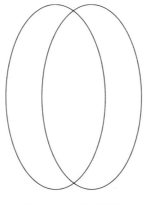 

图1-2-2　"椭圆"对话框设置　　　图1-2-3　复制椭圆　　　图1-2-4　"路径查找器"面板

4）单击"交集"按钮，得到两个椭圆相交的部分，设置填充颜色为浅绿色CMYK（50，0，100，0），描边颜色为白色，粗细为4pt，效果如图1-2-5所示。

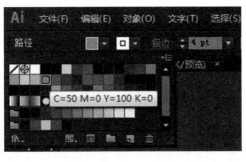 

图1-2-5　交集后的图形填充颜色设置

3. 旋转变换出Logo完整图形

1）使用旋转工具，以图形的正下方为旋转中心，按Alt键，单击画板任意位置，弹出"旋转"对话框，将旋转角度设置为20°，单击"复制"按钮，效果如图1-2-6所示。

图 1-2-6　旋转复制后的效果

2）按组合键 Ctrl+D 重复 6 次变换操作，效果如图 1-2-7 所示。

3）按组合键 Ctrl+A 全选旋转后的所有图形，双击旋转工具，在弹出的"旋转"对话框中设置适当角度。将图形摆正，并移到画板中间，适当缩小，得到如图 1-2-8 所示的图形。

图 1-2-7　旋转复制 6 次后的效果 　　　　　　　　图 1-2-8　摆正后的效果

4. 实时上色

1）按组合键 Ctrl+A 全选所有图形，选择"对象"→"实时上色"→"建立"命令，将所有图形建立为实时上色的对象。在工具栏中选择实时上色工具，如图 1-2-9 所示。

2）在颜色表中选择相应的颜色，直接给选中的图形填充颜色即可，效果如图 1-2-10 所示。

图 1-2-9　选择实时上色工具 　　　　　　　　图 1-2-10　实时上色后的效果

3）给完成的图形增加投影效果，选择"效果"→"风格化"→"投影（Illustrator 效果）"命令，并使用文字工具输入"清荷绿香"，给文字增加投影效果，最终完成效果如图 1-2-11 所示。

图 1-2-11　最终完成效果

课堂拓展

运用所学的方法，利用三角形的旋转变换，建立实时上色对象，制作如图 1-2-12 所示的效果图。

1）绘制一个三角形。

2）旋转 15°，重复复制过程直到形成一个圆形。

3）全选所有对象，建立实时上色对象。

4）使用实时上色工具进行上色。

图 1-2-12　任务 1.2 课堂拓展效果图

任务小结

本任务运用旋转工具和椭圆工具绘制花瓣，结合"路径查找器"面板的功能，实现花瓣的修饰。通过重复复制过程和旋转图形完成荷花效果，最后使用实时上色工具制作荷花的颜色层次。

任务 1.3 Illustrator CS6 中的工具运用——绿色出行标志制作

■ 岗位需求描述

生活中经常可以看到一些圆形的标志图案，如某些活动的徽章、公司的 Logo、机构的标志等，这些图形都有一个相同的特点，就是一般会出现文字环绕的效果，这是图形制作中常用的一种手法，本任务就是通过文字工具和椭圆工具来完成绿色出行标志的制作。

■ 设计理念思路

使用星形工具和椭圆工具绘制图形的基本效果，使用环绕的路径文字显示文字内容。标志中间的图形可使用红色的符号图形，不仅紧扣标志的主题，还能与绿色形成鲜明对比，突出主题。

■ 素材与效果图

素材	效果图
无	

■ 岗位核心素养的技能技术需求

使用基本图形工具绘制出圆环的效果，使用路径文字工具实现文字环绕效果，掌握符号的运用，了解渐变色的运用使效果更有质感。

┌ 任务实施 ┐

1. 新建图片

新建画板，设置画板宽度为 20cm，高度为 20cm。

2．制作底部图形

1）双击星形工具，在弹出的"星形"对话框中设置星形参数，设置填充颜色为 CMYK（57，68，98，22），效果如图 1-3-1 所示。

制作"绿色出行"标志

2）使用椭圆工具，以星形的中心为圆心（按住 Alt 键，在中心处单击），绘制直径为 16cm 的白色正圆，参数设置和效果如图 1-3-2 所示。

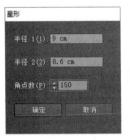

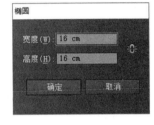

图 1-3-1　绘制 150 个角的星形　　　　　　　　图 1-3-2　绘制白色正圆

3．制作环状图形

1）使用椭圆工具，以星形的中心为圆心（按住 Alt 键，在中心处单击），绘制直径为 17cm 的圆 1，参数设置如图 1-3-3 所示。

2）为椭圆填充渐变色，设置左边滑块颜色值为 CMYK（50，0，100，0），右边滑块颜色值为 CMYK（70，10，100，60），效果如图 1-3-4 所示。

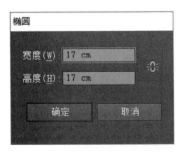

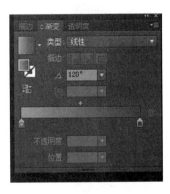

图 1-3-3　圆 1 的参数设置　　　　　　　　　　图 1-3-4　渐变填充圆 1

3）使用椭圆工具绘制圆 2，参数如图 1-3-5 所示，中心点不变。

4）同时选中圆 1 和圆 2，在"路径查找器"面板中执行减去顶层的操作，便可得到下层的圆环，效果如图 1-3-6 所示。

5）绘制圆 3，中心点不变，直径为 16.75cm；绘制圆 4，中心点不变，直径为 12.5cm。使用同样的方法，得到上层的小圆环。顺时针旋转小圆环适当的角度，效果如图 1-3-7 所示。

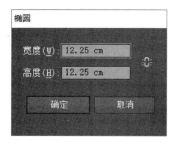
图 1-3-5 圆 2 的参数设置

图 1-3-6 圆 1 减圆 2 后得到的圆环

图 1-3-7 旋转上层圆环后的效果

4. 制作路径文字

1）保持中心点不变，绘制直径为 13cm 的正圆 5，作为文字路径。使用路径文字工具，将鼠标指针移到路径的边缘，当光标显示"路径"二字时，单击并输入"小榄镇第十二届绿色出行节"。设置字体为黑体，大小为 40，文字颜色为白色，效果如图 1-3-8 所示。

2）以相同的中心点绘制直径为 13cm 的正圆。用相同的方法输入"保护环境·绿色出行"，效果如图 1-3-9 所示。

图 1-3-8 使用路径文字工具输入文字

图 1-3-9 再次使用路径文字工具输入文字

3）双击路径文字工具，弹出"路径文字选项"对话框，设置路径文字的参数，勾选"翻转"复选框，使文字方向翻转，效果如图 1-3-10 所示。

4）调整文字位置，设置字体为黑体，文字大小为 40，文字颜色为白色，效果如图 1-3-11 所示。

图 1-3-10 设置路径文字的参数

图 1-3-11 设置路径文字的颜色、大小和位置

5. 使用符号

1）打开"符号"面板，单击"符号库菜单"下拉按钮，在打开的下拉列表中选择"徽标元素"选项，打开"徽标元素"面板，如图 1-3-12 所示。

2）将所需符号拖到画板适当的位置，并改变大小，效果如图 1-3-13 所示。

图 1-3-12　"徽标元素"面板　　　　　　图 1-3-13　增加符号后的效果

任务小结

本任务运用椭圆工具和星形工具绘制绿色出行标志，结合"路径查找器"面板的功能，实现空心圆环的制作，再通过路径文字工具，实现文字环绕效果。

任务 1.4　Illustrator CS6 中的工具运用——清新桌面制作

岗位需求描述

使用渐变工具绘制天空效果，使用混合工具和旋转工具制作闪耀的太阳和可爱的小花朵，使用剪切蒙版隐藏太阳在画面以外的范围，使用椭圆工具绘制云朵效果，使用图层分别绘制不同类元素。

设计理念思路

设计和绘制一些常见的桌面图片效果，合理地对画面效果进行布局设计和颜色搭配，灵活处理和绘制各种素材。在本任务中，使用蓝天、白云、太阳、花朵、草地等元素，合理配色，并将 Illustrator CS6 中工具的使用巧妙融合到其中。

素材与效果图

素材	效果图
无	

岗位核心素养的技能技术需求

掌握旋转工具和混合工具的使用方法。使用旋转工具旋转对象时，要先单击确定旋转的中心，再进行旋转。若需要旋转固定的角度，则在确定旋转中心时按 Alt 键。混合工具能对两个图形进行轮廓和颜色上的混合，混合后，还可以通过修改混合选项改变混合参数。

·任务实施·

1. 绘制背景

1）新建图片，设置图片名称为"清新桌面"，画板大小为 A4 纸，方向为横向。

2）使用矩形工具在画布中拖出与画板大小和位置相符的矩形，使用渐变工具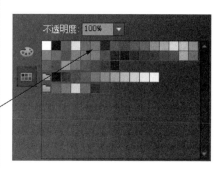，按组合键 Ctrl+F9，打开"渐变"面板，双击右边的颜色滑块，在弹出的色板中选择颜色 CMYK（100，0，0，0），如图 1-4-1 所示。

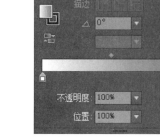

制作清新桌面

图 1-4-1　设置天空背景的颜色

3）将渐变角度设置为 90°，如图 1-4-2 所示。

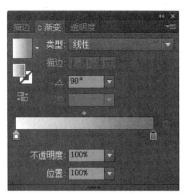

图 1-4-2　渐变角度设置

4）绘制与背景大小相同的矩形，并使用渐变填充，效果如图 1-4-3 所示。

图 1-4-3　渐变填充背景

2. 绘制花朵

1）绘制花蕊。选中"花朵"图层，双击椭圆工具，在弹出的"椭圆"对话框中进行以下设置，在画板中画一正圆，将图形的填充颜色设置为玫红色（CMYK：10，100，50，0），边框无颜色，效果如图 1-4-4 所示。

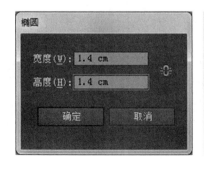

图 1-4-4　绘制花蕊

2）使用选择工具选中正圆，按组合键 Ctrl+C 复制正圆，再按组合键 Ctrl+F 将图形粘贴到上层。按组合键 Alt+Shift，保持形状比例，沿中心缩小圆形。使用同样方法，按组合键 Ctrl+C 复制白色正圆，按组合键 Ctrl+F 将白色正圆粘贴到最上层，并将其缩小到合适大小，花蕊就绘制好了，效果如图 1-4-5 所示。

图 1-4-5　绘制花蕊小圆

3）绘制花瓣。使用椭圆工具绘制宽度为 1cm、高度为 2cm 的椭圆作为花瓣，并将花瓣的填充颜色设置为玫红色，边框颜色为白色，边框粗细为 1pt，效果如图 1-4-6 所示。

图 1-4-6　绘制一片花瓣

4）使用旋转工具或按快捷键 R，将鼠标移到花瓣上，按住 Alt 键，单击花朵的旋转中心，在弹出的"旋转"对话框中设置旋转角度为 45°，单击"复制"按钮，效果如图 1-4-7 所示。

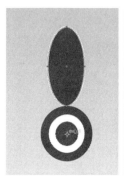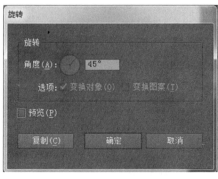

图 1-4-7　复制花瓣

5）按组合键 Ctrl+D，重复旋转复制操作，得到完整的花朵图案，效果如图 1-4-8 所示。

图 1-4-8　重复旋转复制得到花朵

6）绘制花杆。使用矩形工具绘制合适大小的矩形作为花杆。

7）绘制花的叶子。使用钢笔工具绘制叶子的形状，并将叶子填充为嫩绿色 CMYK（20，0，100，0），设置描边颜色为白色，粗细为 1pt。复制叶子，旋转适当角度，并放置在花杆两侧，完成后效果如图 1-4-9 所示。

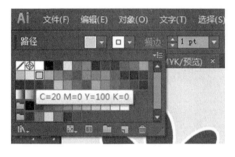

图 1-4-9　绘制叶子

8）将花朵全部选中，按组合键 Ctrl+G，将它们组合成一个整体，完成花朵的绘制。复制花朵到不同的位置，并适当改变花朵大小，最后使用矩形工具添加草地，效果如图 1-4-10 所示。

图 1-4-10　重复复制花朵并添加草地

3. 绘制云朵

1）使用椭圆工具绘制多个椭圆，为了便于区分，设置椭圆为黑色边框，如图 1-4-11 所示。

2）打开"路径查找器"面板，单击"联集"按钮 ，将所有的椭圆按形状模式进行"联集"，效果如图 1-4-12 所示。

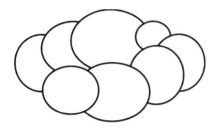

图 1-4-11　绘制多个椭圆　　　　　　　　　　　　图 1-4-12　联集所有椭圆

3）为了让云朵更逼真，将云朵设置为无边框，并复制一层，下层云朵使用浅灰色填充，上层云朵使用白色填充，将两层云朵组合。复制多个云朵放于不同位置，并适当改变云朵的大小，得到云层，效果如图 1-4-13 所示。

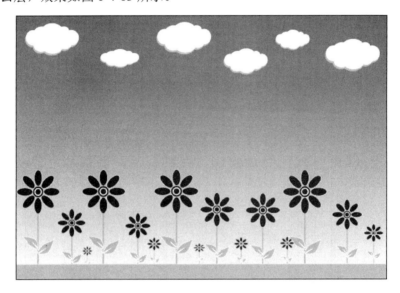

图 1-4-13　复制云朵得到云层

4. 绘制太阳

1）使用椭圆工具在"太阳"图层中绘制两个同心圆，下层的大圆为红色，上层的小圆为橙色，双击混合工具 ，在弹出的"混合选项"对话框中指定步数为2，单击"确定"按钮。先单击小圆，再单击大圆，使两个圆形混合，效果如图 1-4-14 所示。

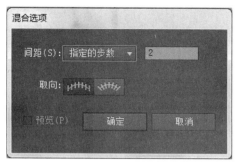

图 1-4-14　混合前后的效果

2）绘制太阳的光芒。在太阳中心的下方，绘制两个圆形，双击混合工具，设置步数为8，分别单击大圆和小圆，使黄色的大圆和白色的小圆混合，效果如图 1-4-15 所示。

图 1-4-15　绘制太阳光芒

3）使用选择工具选中混合后的一道光芒，使用旋转工具，在太阳的正中心按住 Alt 键并单击，弹出"旋转"对话框，将旋转角度设置为 15°，并单击"复制"按钮，复制出第二道光芒。按组合键 Ctrl+D，重复复制操作，完成一周的光芒效果，效果如图 1-4-16 所示。

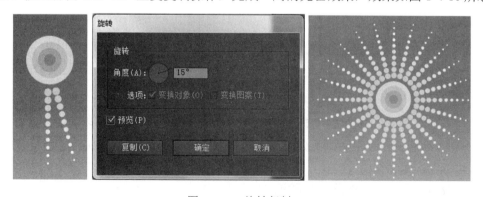

图 1-4-16　旋转复制

4）使用矩形工具按画面大小和位置绘制矩形，以矩形作为蒙版，保证矩形在所有图形的上层。选中"太阳"图层中的所有对象，选择"对象"→"剪切蒙版"→"建立"命令，将太阳载入蒙版，如图 1-4-17 所示。

图 1-4-17　绘制矩形作为蒙版

作为蒙版的图形要放在最顶层。

任务小结

本任务运用椭圆工具、旋转工具和混合工具等完成桌面效果的制作。先使用旋转工具，完成花朵的制作；再使用椭圆工具结合"路径查找器"面板的功能，轻松实现云朵的绘制；最后使用混合工具制作太阳的光芒射线效果。

项 目 测 评

测评 1.1　升平小学建校 20 周年徽标制作

■设计要求

为升平小学建校 20 周年的庆典设计一款周年庆典徽标，要求：设计新奇、简洁、流畅，具有较强的形式美感，有内涵、色彩明快，传播效果好，有象征意义，能够突出升平小学的历史文化特点，体现学校教书育人的精神内涵。

要求徽标为正圆形，画板大小自定。

■ 素材与效果图

素材	效果图
无	

测评 1.2　彩虹卡通图形制作

■ 设计要求

　　绘制彩虹卡通图形，画板使用 A4 纸，横向。要求：使用椭圆工具绘制云朵，云朵要有层次和色彩差异。云朵上方是彩虹，彩虹要有七种颜色，按赤、橙、黄、绿、青、蓝、紫的色彩顺序。

　　彩虹是儿童作品设计中常用的素材，如幼儿园的贴画、广告等。对于彩虹的绘制，主要抓住两点，一是彩虹的形状，二是彩虹的色彩。

■ 素材与效果图

素材	效果图
无	

测评 1.3 昆虫总动员卡通图形制作

■ 设计要求

发挥想象力和创造力，使用椭圆工具、钢笔工具、螺旋线工具绘制七星瓢虫、蚊子、小蜜蜂、小蜗牛等小昆虫及背景，并给小昆虫们填充色彩。

■ 素材与效果图

素材	效果图
无	

项目 2

平面设计基础知识学习

学习目标

使用 Illustrator CS6 软件之前，必须明确几个平面设计的基本概念，如位图与矢量图、分辨率、颜色模式、文字转换、印前与导出，这有助于深入理解 Illustrator CS6 软件，同时培养自己良好的审美能力与艺术素养。

知识准备

了解位图与矢量图、分辨率、颜色模式、文字转换、印前与导出的基础知识，掌握相应的 Illustrator CS6 软件的基本操作、平面设计输出设置、出血位的印刷基本知识。

项目核心素养基本需求

能正确区分矢量图和位图，掌握相片分辨率的设置方法，了解 RGB 颜色模式和 CMYK 颜色模式。利用软件方面的专业技巧，达到创作的目的，完成设计作品。

任务 2.1　位图与矢量图的运用

▌岗位需求描述

　　很多初学者不清楚位图与矢量图之间的区别。其实，位图由不同亮度和颜色的像素组成，适合表现大量的图像细节，图像效果好，但放大以后会失真。而矢量图则使用直线和曲线来描述图形，这些图形的元素是一些点、线、矩形、多边形、圆和弧线等，它们都是通过数学公式计算获得的，所以矢量图形放大后不失真，且文件一般较小。Illustrator CS6 软件制作完成的矢量图用 Photoshop 软件可以直接打开，而且背景是透明的。

▌设计理念思路

　　为深入地了解矢量图和位图，加之本书使用的 Illustrator CS6 软件是具有代表性的矢量图绘图软件，本任务介绍了矢量图和位图的概念及两种图片格式的区别，并用图片的形式直观地让读者加深理解，同时详细介绍了矢量图主要应用的领域。

▌素材与效果图

素材	效果图
矢量图	矢量图放大 800 倍
位图	位图放大 800 倍

▌岗位核心素养的技能技术需求

　　详细了解矢量图与位图两种图片格式，并能区别两种图片格式；了解并使用矢量图的基本绘制软件。

任务实施

1）使用 Illustrator CS6 软件打开素材位图图像，如图 2-1-1 所示。

2）将素材位图放大到原来的 10 倍，可以发现该图像开始虚幻。当放大到原图的 800 倍时，则可以清晰地观察到图像中有很多小方块，这些小方块就是构成图像的像素（这是位图最显著的特征），如图 2-1-2 所示。

图 2-1-1　位图图像

图 2-1-2　位图图像放大 800 倍

提　示

位图图像（简称"位图"）是由大量的像素组成的，每个像素都分配特定的位置和颜色值。在处理位图时，编辑的是像素，而不是对象或形状。位图是连续色调图像常用的电子媒介，因为它们可以更有效地表现阴影和颜色的细微层次。

3）打开矢量图形（简称"矢量图"），如图 2-1-3 所示（比较有代表性的矢量绘图软件有 Adobe Illustrator、CorelDRAW、AutoCAD 等）。与位图不同，矢量图的元素称为对象。每个对象都是一个自成一体的实体，具有颜色、形状、轮廓、大小和屏幕位置等属性。因此，矢量图与分辨率无关，任意移动或修改矢量图都不会丢失细节或影响其清晰度。当调整矢量图的大小、将矢量图打印到任何尺寸的介质上、在 PDF 文件中保存矢量图或将矢量图导入基于矢量的图形应用程序中时，矢量图都将保持清晰的边缘。图 2-1-4 所示为将矢量图放大 800 倍后的效果，可以发现其仍然保持清晰的颜色和锐利的边缘。

图 2-1-3　矢量图

图 2-1-4　矢量图放大 800 倍

矢量图在设计中应用得比较广泛。例如，在常见的室外大型喷绘中，为了保证放大数倍后的喷绘质量，又要在设备能够承受的尺寸内进行制作，矢量软件便成为最好的选择。又如，目前网络中比较常见的 Flash 动画，正是因为应用了矢量图，才能以其独特的视觉效果及较小的空间占用量而广受欢迎。

提　示

矢量图是由矢量的数学对象定义的直线和曲线构成的，根据图像的几何特征对图像进行描述。

常用的矢量格式有本书使用的软件 Illustrator，如果文档包含多个画板并希望存储到以前的 Illustrator 版本中，可以选择将每一个画板存储为一个单独的文件或将多个画板中的内容合并到一个文件中。图 2-1-5 所示为 Illustrator 存储模式的选择。

图 2-1-5　Illustrator 存储模式的选择

任务小结

本任务对矢量图与位图两种常用的图片格式进行了详细的讲解，并针对 Illustrator 软件常用的矢量模式进行了解析。

任务 2.2　相片分辨率的设置

岗位需求描述

在平面设计中，图像的分辨率的测量单位是像素/英寸（ppi），分辨率取决于图片的像素数与图片的尺寸（幅面）大小，像素数高且图片尺寸小的图片，即单位面积上所含的像素数多的图片，其分辨率也高。在平面设计中，可针对不同的设计要求，设置不同的分辨率。一般像素越多，分辨率越高。

■设计理念思路

本任务重点介绍两种常用的分辨率：72ppi 和 300ppi，通过图片的对比直观地说明分辨率不同，图片效果也不相同。

■素材与效果图

素材

300ppi 图片

72ppi 图片

■岗位核心素养的技能技术需求

在平面设计中，针对不同的设计要求，进行相关的像素大小的设置。一般来说，喷绘是根据图的大小设置的，面积越大，分辨率相对越低；写真的分辨率在 72ppi 以上即可；印刷的分辨率一定要在 300ppi 以上。

┌任务实施┐

使用 Illustrator CS6 软件打开花朵相片，如图 2-2-1 和图 2-2-2 所示，这是两幅尺寸相同、内容相同的图像，图 2-2-1 的分辨率为 300ppi，图 2-2-2 的分辨率为 72ppi，可以观察到其清晰度有着明显的差异，即图 2-2-1 的清晰度明显高于图 2-2-2 的清晰度。

图 2-2-1　分辨率为 300ppi 的图像　　　　图 2-2-2　分辨率为 72ppi 的图像

提　示

图像的分辨率主要用于控制位图中的细节精细度，每英寸的像素越多，分辨率越高。一般来说，图像的分辨率越高，印刷出来的质量就越好。

从两张图片的对比不难发现，分辨率是衡量图像品质的一个重要指标，分辨率越高，图片越清晰。图像分辨率通常用像素点（pixel）的多少来加以区分。在图像内容相同的情况下，像素点越多，品质就越高，且相应的记录信息量也成正比增加。

而另一种显示分辨率，则表示显示器清晰程度的指标，通常是以显示器扫描点的多少来加以区分，如 800×600、1024×768、1280×1024、1920×1200 等，它与屏幕尺寸无关。

任务小结

本任务对两种常用的分辨率 72ppi 与 300ppi 进行了详细的讲解，并针对分辨率知识进行了相应的扩展。

任务 2.3　宣传画的色彩设计

岗位需求描述

画家用颜料来调配颜色，而计算机则用数值控制颜色。平面设计软件大都具有强大的图像处理功能，而对颜色的处理则是其强大功能不可缺少的一部分。因此，须了解一些有关颜色的基本知识和常用的视频颜色模式，以生成符合视觉感官需要的图像。

设计理念思路

使用 Illustrator CS6 软件进行设计时，主要用到 RGB 颜色模式和 CMYK 颜色模式。RGB 颜色模式是基础的色彩模式，只要在计算机屏幕上显示的图像，就一定是以 RGB 颜色模式显示的。CMYK 颜色模式也称为印刷色彩模式，顾名思义它是用于印刷的。本任务通过以不同的颜色模式打开同一幅宣传画的方式，来介绍两种颜色模式的特点及区别。

素材与效果图

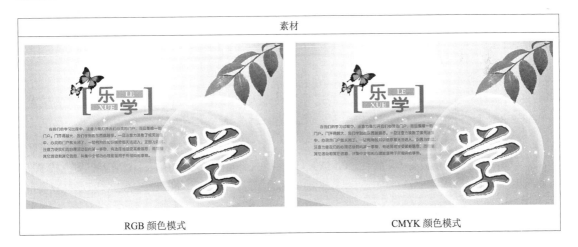

岗位核心素养的技能技术需求

详细了解 RGB 颜色模式和 CMYK 颜色模式，并能区分两种颜色模式；了解 RGB 颜色模式的组成：Red（红色）、Green（绿色）、Blue（蓝色）；了解 CMYK 颜色模式的组成：Cyan（青色）、Magenta（洋红）、Yellow（黄色）、Black（黑色）。

任务实施

1）使用 Illustrator CS6 软件打开宣传画 RGB 颜色模式，如图 2-3-1 所示。RGB 颜色模式是经常使用的一种模式，它是一种发光模式（也称为加光模式）。RGB 颜色模式如图 2-3-2 所示。

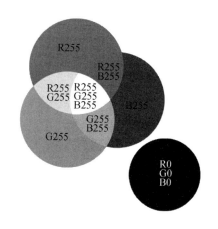

图 2-3-1　宣传画 RGB 颜色模式　　　　　　　图 2-3-2　RGB 颜色模式

提　示

　　RGB 颜色模式下的图像只有在发光体上才能显示出来，如显示器、电视等，该模式所包含的颜色信息（色域）有 1670 多万种，是一种真色彩颜色模式。

　　2）使用同样的方法打开宣传画 CMYK 颜色模式，如图 2-3-3 所示。CMYK 颜色模式是一种印刷模式，CMYK 是 4 种印刷油墨名称的首字母，C 代表 Cyan（青色）、M 代表 Magenta（洋红）、Y 代表 Yellow（黄色），而 K 代表 Black（黑色），图 2-3-4 所示为 CMYK 颜色模式。CMYK 颜色模式也称为减光模式，该模式下的图像只有在印刷体上才可以观察到，如纸张。

图 2-3-3　宣传画 CMYK 颜色模式　　　　　　图 2-3-4　CMYK 颜色模式

任务小结

　　本任务针对两种常用的颜色模式（RGB 颜色模式和 CMYK 颜色模式）进行了讲解，并针对常用的 CMYK 颜色模式的印刷色彩进行了介绍。

任务 2.4　报纸的文字转换

▌岗位需求描述

在进行平面设计时，经常要用到文字元素。如果作品中需要大量的文字内容，可以直接使用"置入"命令将已有的文本导入 Illustrator CS6 软件中。此外，还可以从软件的文档中导出文本，以便在其他应用中编辑。

▌设计理念思路

掌握文本操作是使用 Illustrator CS6 软件进行平面设计的基础。本任务介绍使用 Illustrator CS6 软件打开包含所需文本的文件，置入文本，以及将文本导出到 Word 或文本文件的方法。

▌素材与效果图

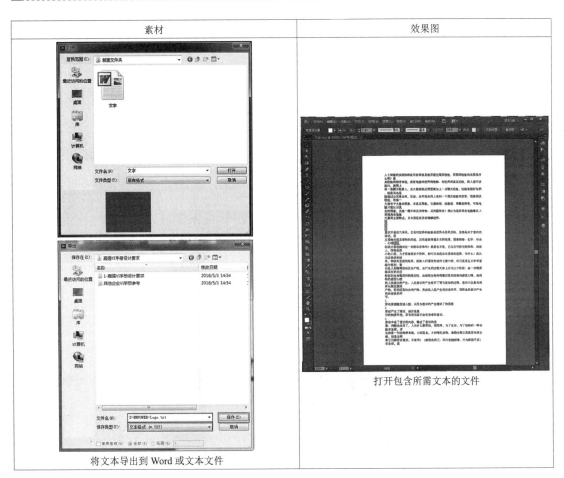

素材	效果图
将文本导出到 Word 或文本文件	打开包含所需文本的文件

■岗位核心素养的技能技术需求

熟练掌握使用 Illustrator CS6 软件打开、置入文本文件，以及将文本文件导入或导出软件的方法。

任务实施

1）若要对已有的 Word 文档进行设计，需要在 Illustrator CS6 软件中将其打开。Illustrator CS6 软件既可以打开自己创建的矢量文件，也可以打开其他应用程序中创建的兼容文件，如 AutoCAD 制作的.dwg 格式文件、Photoshop 创建的.psd 文件等。

使用 Illustrator CS6 软件打开现有的文件，选择"文件"→"打开"命令或按组合键 Ctrl+O，在弹出的"打开"对话框中选择要打开的文件，然后单击"打开"按钮，软件会将相应的文档打开，如图 2-4-1～图 2-4-3 所示。

图 2-4-1　打开 Word 文档

图 2-4-2　文本打开选项

图 2-4-3　在 Illustrator CS6 中打开 Word 文档

2）在制作"报纸"设计稿件时，经常会用到外部素材，这时需使用软件中的"置入"命令。"置入"命令是导入文件的主要方式，因为该命令提供有关文件格式、置入选项和颜色的最高级别的支持。在 Illustrator CS6 软件中使用"置入"命令不仅可以导入矢量素材，还可以导入位图素材及文本文件。选择"文件"→"置入"命令，在弹出的"置入"对话框中单击"文件类型"右侧的下拉按钮，即可打开文件类型下拉列表看到置入文件的类型。在"置入"对话框中选择要置入的文件，如图 2-4-4 所示。

图 2-4-4　在 Illustrator CS6 中置入 Word 文档

3）为方便查看文件，文件制作完成之后，可使用"存储"命令将文件进行存储，但是通常情况下矢量格式文件不能直接上传到网络或进行快速预览及输出打印等操作，所以需要将作品导出为合适的格式，这时就要用到"导出"命令。选择"文件"→"导出"命令，弹出"导出"对话框，选择导出的位置，输入文件名后，选择导出的文件类型，如导出为文本格式，单击"保存"按钮，弹出"文本导出选项"对话框，单击"导出"按钮即可，如图 2-4-5和图 2-4-6 所示。

图 2-4-5　在 Illustrator CS6 中导出文档

图 2-4-6　在 Illustrator CS6 中设置导出文本选项

在 Illustrator CS6 软件中使用"导出"命令可以将文件导出为多种格式，以便在 Illustrator CS6 软件以外的软件中使用。这些文件包括 AutoCAD、BMP（标准 Windows 图像格式）、Flash（SWF 用于交互动画 Web 图形）、JPEG（常用于存储照片）、PSD（标准的 Photoshop 格式）、PNG（便携网络图形）、TIFF（标记图像文件格式）等。

任务小结

本任务针对利用 Illustrator CS6 软件进行平面设计时，经常用到文字元素使用的"置入"命令和"导出"命令进行讲解，以便在 Illustrator CS6 软件中进行编辑。

任务 2.5 设计作品的印前设置与导出

■ 岗位需求描述

在使用 Illustrator CS6 软件完成平面设计时，通常情况下矢量格式文件不能直接上传到网络或进行快速预览及输出打印等操作，需要将作品导出为合适的格式，以便在 Illustrator CS6 软件以外的软件中使用。

■ 设计理念思路

设置 Illustrator CS6 软件"打印"对话框中的选项，了解常规印刷知识；打印（印刷）前导出文件，印刷前设置出血位；使用 Illustrator CS6 软件输出 PDF 文件。

■ 素材与效果图

素材	效果图
"打印"对话框选项	出血位的设置

续表

素材	效果图

导出文件	输出 PDF 文件

岗位核心素养的技能技术需求

　　了解基础的打印选项及其设置；了解基础印刷知识，使用 Illustrator CS6 软件制图时，印刷商会要求设计师制图的尺寸比要求的尺寸多出几毫米，而这几毫米称为出血位，是为了印制好后裁切方便；熟练掌握"导出"PDF 文件操作。

任务实施

　　1）选择"文件"→"打印"命令，弹出"打印"对话框，从"常规"选项到"小结"选项都是为了指导完成文档的打印过程而设计的。对话框中很多选项是由启动文档时选择的启动配置文件预设的，如图 2-5-1 所示。

图 2-5-1　"打印"对话框

　　若要印刷 Illustrator CS6 软件中的设计作品，则出血位是必须要强调的部分。出血是指加大设计品外尺寸，在裁切位加一些图案的延伸，专门给各生产工序在其工艺公差范围内使用，以避免裁切后的成品露白边或裁到内容。出血位的标准尺寸为 3mm，这样在印刷厂拼版印刷时，可以最大程度利用纸张的使用尺寸。

　　Illustrator CS6 软件中出血线的设置。新建画板时直接设置出血线各加 3mm，如图 2-5-2～图 2-5-4 所示。特别要注意边上裁切 3 mm 时不能将文字或重要的图片裁切掉，所以要把文字和重要的图片移至距边 6 mm 处，这样就不会被裁切掉。

图 2-5-2　出血区域

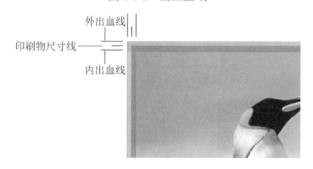

图 2-5-3　出血线设置 1

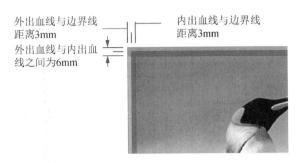

外出血线与边界线
距离3mm

内出血线与边界线
距离3mm

外出血线与内出血
线之间为6mm

图 2-5-4　出血线设置 2

2）在 Illustrator 软件中，文件制作完成之后，使用"存储"命令可以将文件进行存储，但是通常情况下矢量格式文件不能直接上传到网络或进行快速预览及输出打印等操作，所以将作品导出为适合的格式就需要用到"导出"命令。

选择"文件"→"导出"命令，在弹出的"导出"对话框中选择需要导出的位置，输入文件名后，选择需要导出的文件类型，单击"保存"按钮，如图 2-5-5 所示。选择不同的导出格式，弹出的所选格式参数设置对话框也各不相同，设置各相关选项后，单击"导出"按钮即可。

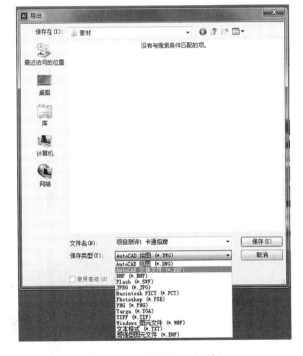

图 2-5-5　"导出"对话框

3）在 Illustrator CS6 软件中常用的格式有 JPEG，常用于存储照片。JPEG 格式保留了图像中的所有颜色信息，但通过有选择地扔掉数据来压缩文件大小。

在 Illustrator CS6 软件中，若要将当前的图像文件保存为一个 PDF 文件，则选择"文件"→"存储为"命令或"文件"→"存储副本"命令，弹出"存储为"对话框，在对话框中选择存储文件的位置，并输入文件名。选择"Adobe PDF（*.PDF）"为保存类型，然后单击"保存"按钮,如图 2-5-6 所示,在弹出的"存储 Adobe PDF"对话框中进行相应的设置,如图 2-5-7 所示。

图 2-5-6　导出 PDF 格式

图 2-5-7　导出 PDF 格式设置

任务小结

本任务进行了常规印刷知识的解析,并介绍了打印(印刷)前导出文件的方法及印刷前出血位的设置方法,同时详细讲解了使用 Illustrator 软件输出 PDF 文件的方法。

项 目 测 评

测评 2.1　位图和矢量图运用

设计要求

了解位图和矢量图的特点及区别,并掌握两者的实际应用。

素材与效果图

素材	效果图
无	

测评 2.2 RGB 与 CMYK 色彩运用

设计要求

使用 Illustrator CS6 软件进行设计时，主要用到的是 RGB 颜色模式和 CMYK 颜色模式。了解一些有关颜色的基本知识和常用的视频颜色模式，对生成符合视觉感官需要的图像是大有益处的。

素材与效果图

素材
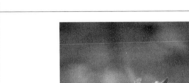 
RGB 颜色模式 　　　　　　　　　　　　　　　CMYK 颜色模式

项目 3

卡通形象及插画设计

利用 Illustrator CS6 软件进行卡通形象及插画设计。学习软件的基本工具，能综合利用多种工具进行创意设计，使作品具有较强的视觉冲击力。

了解卡通形象及插画的设计理念，学会分析品牌的定位和个性特点的方法，并了解设计卡通吉祥物的制作流程。

掌握 Illustrator CS6 软件中钢笔工具、矩形工具、椭圆工具、圆角矩形工具、镜像工具、实时上色工具、剪切蒙版工具等的使用方法，熟练运用渐变工具、星形工具、网格工具等进行卡通吉祥物的设计。

任务 3.1　　"奥尼安全管家"吉祥物的构思和设计

▊ 岗位需求描述

　　品牌吉祥物是品牌的图腾,是品牌的化身、象征。因此,吉祥物要体现品牌本身的理念和精髓,不但要"形似"也要"神似"。品牌吉祥物只有具备新颖、独特和简洁的特点,才能吸引消费者的目光。当手机用户忘记给手机充电或充电超时时,会导致手机电池寿命缩短或浪费电能源。"奥尼"(Onions)是新推出的一款手机安全管家,"奥尼"能为用户做充电的安全提醒,使用户更环保地使用电能源。

▊ 设计理念思路

　　本任务为"奥尼安全管家"吉祥物的构思及草图的设计,以"洋葱头"的形象作为吉祥物的设计主体进行构思、画草图、修改、定稿,然后在 Illustrator CS6 软件中完成正稿。

▊ 素材与效果图

素材	效果图
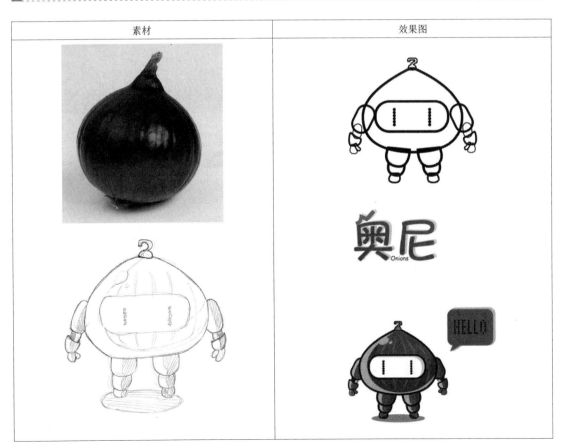	

■岗位核心素养的技能技术需求

在吉祥物的形象绘制上，使用钢笔工具、椭圆工具、圆角矩形工具、镜像工具、实时上色工具，以及建立剪切蒙版、高斯模糊等工具来设计制作。

┌**任务实施**┐

1. 绘制奥尼线稿

1）启动 Illustrator CS6 软件，按组合键 Ctrl+N，在弹出的"新建"对话框中设置文件名称为"奥尼线稿"，颜色模式为 RGB 颜色模式，其他参数保持默认，单击"确定"按钮，创建新文件，如图 3-1-1 所示。

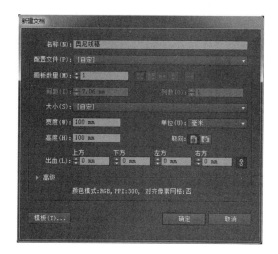

"吉祥物的构思和设计"操作视频　　　　　图 3-1-1　创建"奥尼线稿"文档

2）在"颜色"面板中设置填充颜色为无，描边颜色为黑色，使用椭圆工具绘制一个椭圆，如图 3-1-2 所示。使用添加锚点工具 ✒️，在椭圆上添加需要的锚点，如图 3-1-3 所示。使用直接选择工具逐一调整椭圆的各个锚点，效果如图 3-1-4 所示。

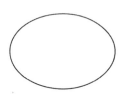
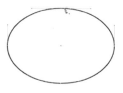

图 3-1-2　绘制椭圆　　　　　图 3-1-3　添加锚点　　　　　图 3-1-4　调整锚点

3）绘制眼睛。使用椭圆工具，按住 Shift 键绘制圆形，选择圆形，按住 Alt 键的同时，用鼠标向外拖动圆形，不断复制圆形，使其排列如图 3-1-5 所示。将部分圆形填充为黑色，如图 3-1-6 所示。选中所有圆形，选择"对象"→"编组"命令，并将描边颜色设置为无，如图 3-1-7 所示。

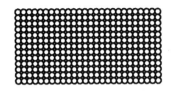

图 3-1-5　绘制圆形　　　　　图 3-1-6　填充黑色　　　　　图 3-1-7　设置描边属性

4）使用圆角矩形工具在编组圆形上绘制圆角矩形，如图 3-1-8 所示。按组合键 Ctrl+C 复制圆角矩形，按组合键 Ctrl+F，将其粘贴在顶层；选择顶层的第一个圆角矩形，按住 Shift 键的同时选择编组圆形，选择"对象"→"剪切蒙版"→"建立"命令，按组合键 Shift+Ctrl+[，将其置于底层，最终效果如图 3-1-9 所示。

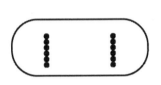
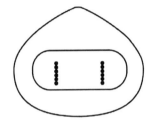

图 3-1-8　绘制圆角矩形　　　　　　　　　图 3-1-9　建立剪切蒙版

5）绘制手臂。使用圆角矩形工具绘制圆角矩形，旋转并放置到适当的位置，绘制上臂，如图 3-1-10 所示。按组合键 Ctrl+C 复制图形，按组合键 Ctrl+V 粘贴对象，将图形拖动到适当的位置，调整其大小并旋转到适当的角度，如图 3-1-11 所示。使用钢笔工具绘制下臂的图形，如图 3-1-12 所示。用相同的方法绘制另外两个图形，作为其手指，如图 3-1-13 所示。

图 3-1-10　绘制上臂　　　图 3-1-11　复制图形　　　图 3-1-12　绘制下臂　　　图 3-1-13　绘制手指

6）使用选择工具选择手臂图形，如图 3-1-14 所示。双击镜像工具，在弹出的"镜像"对话框中点选"垂直"单选按钮，单击"复制"按钮，将复制的手臂放到适当的位置，效果如图 3-1-15 所示。

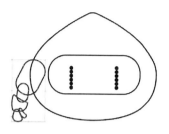
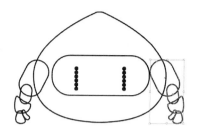

图 3-1-14 选择手臂图形   图 3-1-15 使用镜像工具复制手臂

7）使用钢笔工具绘制图形，如图 3-1-16 所示。按组合键 Ctrl+C 复制图形放在适当的位置，如图 3-1-17 所示。按两次组合键 Ctrl+F，将复制的两个对象粘贴在上层；选取最上方的第一个复制图形缩小并拖动到适当的位置，保持图形被选取状态，按住 Shift 键单击第二个复制图形，单击"路径查找器"面板中的"减去底层"按钮 减去后方对象，效果如图 3-1-18 所示。使用钢笔工具，在适当的位置绘制脚部，设置描边粗细为5pt，如图 3-1-19 所示。参照步骤 6），使用镜像工具复制腿部并放到适当的位置，如图 3-1-20 所示。

图 3-1-16 绘制   图 3-1-17 复制   图 3-1-18 减去后   图 3-1-19 绘制   图 3-1-20 复制腿部
　　　图形　　　　　　　图形　　　　　　方对象　　　　　　脚部

8）绘制头顶挂钩。使用椭圆工具绘制圆形，如图 3-1-21 所示。使用直接选择工具调整圆形的各个锚点，如图 3-1-22 所示。使用钢笔工具绘制挂钩，如图 3-1-23 所示。选取这两个图形，单击"路径查找器"面板中的"联集"按钮，效果如图 3-1-24 所示。

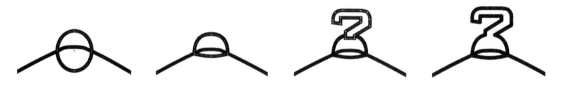

图 3-1-21 绘制圆形   图 3-1-22 调整锚点   图 3-1-23 绘制挂钩   图 3-1-24 执行联集

9）在"图层"面板中，将图层 1 重命名为"线稿"，单击"创建新图层"按钮 ，并将图层命名为"描边"，使用选择工具选中所有轮廓线，按组合键 Ctrl+C 复制，按组合键 Ctrl+F 将其粘贴到"描边"图层上，如图 3-1-25 所示。调整"描边"图层上轮廓线的描边粗细，然后选择全部轮廓线，选择"对象"→"扩展"命令，在弹出的"扩展"对话框中设置相应参数，效果如图 3-1-26 所示。选择"文件"→"存储"命令，在弹出的"存储为"对话框中将其存储为"奥尼线稿.ai"文件。

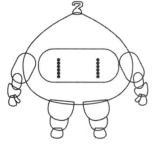
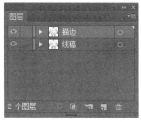

图 3-1-25 复制轮廓线　　　　　　图 3-1-26 调整轮廓线的粗细

2．绘制"奥尼 HELLO"

1）打开"奥尼线稿.ai"文件，如图 3-1-27 所示。复制"线稿"图层，重命名为"色稿"，并拖动"色稿"图层将其调整到最下面，如图 3-1-28 所示，然后将"描边"图层前面的眼睛隐藏起来，锁定"线稿"图层。

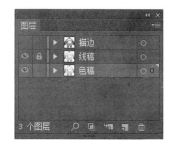

图 3-1-27 打开文件　　　　　　图 3-1-28 复制图层并调整位置

2）单击"色板"面板中的"新建色板"按钮 ▣ ，8 种颜色分别为 RGB（163，47，109）、RGB（55，30，45）、RGB（78，150，54）、RGB（0，105，52）、RGB（124，31，82）、RGB（223，172，205）、RGB（55，30，45）、RGB（163，47，109），如图 3-1-29 所示。选择奥尼轮廓线，分别填充颜色 RGB（163，47，109），效果如图 3-1-30 所示。填充挂钩颜色 RGB（78，150，54），使用钢笔工具在适当的位置绘制暗部图形，并填充颜色 RGB（0，105，52），效果如图 3-1-31 所示。

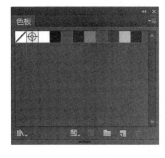

图 3-1-29 新建色板　　　　图 3-1-30 填充颜色　　　　图 3-1-31 绘制暗部并填充颜色

3）使用钢笔工具在脸部绘制暗部图形，填充颜色 RGB（223，172，205），调整不透明度，如图 3-1-32 所示。使用相同方法绘制身体其他暗部，填充颜色，调整不透明度，效果如图 3-1-33 所示。

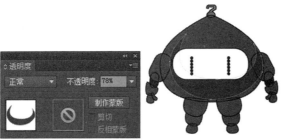

图 3-1-32　绘制脸部暗部　　　　　　　　　　　　图 3-1-33　绘制身体其他暗部

4）使用钢笔工具在脸部绘制亮部图形，填充颜色 RGB（223，172，205），调整不透明度，如图 3-1-34 所示。使用相同方法绘制身体其他部位的亮部，填充颜色，调整不透明度，效果如图 3-1-35 所示。

图 3-1-34　绘制脸部亮部　　　　　　　　　　　　图 3-1-35　绘制身体其他部位的亮部

5）使用钢笔工具在脚部位置绘制暗部图形，填充颜色 RGB（55，30，45），如图 3-1-36 所示。使用椭圆工具绘制投影，填充颜色 RGB（163，47，109），并调整不透明度，效果如图 3-1-37 所示。

图 3-1-36　绘制脚部暗部　　　　　　　　　　　　图 3-1-37　绘制投影

6）使用钢笔工具绘制图形，填充颜色，如图 3-1-38 所示。选择"效果"→"模糊"→"高斯模糊"命令，在弹出的"高斯模糊"对话框中设置半径为 2.5 像素，效果如图 3-1-39 所示。在图形上方绘制一个矩形并填充渐变色，参数设置如图 3-1-40 所示。

7）选中两个图形，按组合键 Ctrl+7 建立剪切蒙版，效果如图 3-1-41 所示。选择"对象"→"拼合透明度"命令，在弹出的"拼合透明度"对话框中设置参数，如图 3-1-42 所示。使用钢笔工具绘制图形，填充颜色，调整不透明度为 83%，效果如图 3-1-43 所示。

图 3-1-38　绘制纹路　　　　图 3-1-39　执行高斯模糊　　　　　　图 3-1-40　绘制矩形

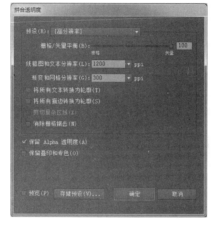

图 3-1-41　建立剪切蒙版　　　　图 3-1-42　拼合透明度　　　　图 3-1-43　绘制图形并设置参数

8）在"图层"面板将"线稿"图层解锁并删除，合并"描边"图层和"色稿"图层。使用选择工具选取各个部位的图形，调整排列顺序，如图 3-1-44 所示。

图 3-1-44　调整图形顺序

9）使用椭圆工具，按住 Shift 键绘制一个圆形，填充颜色 RGB（163，47，109），设置不透明度为 45%，按住 Alt 键的同时，用鼠标拖动圆形并复制，将部分圆形填充为黑色形成"HELLO"，如图 3-1-45 所示。选中所有圆形，选择"对象"→"编组"命令，使用圆角矩形工具绘制一个圆角矩形，按住 Shift 键的同时选择编组圆形，选择"对象"→"剪切蒙版"→"建立"命令，如图 3-1-46 所示。

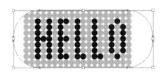

图 3-1-45　绘制圆形　　　　　　图 3-1-46　绘制圆角矩形并建立剪切蒙版

10）在文字下面绘制文本框图形，填充颜色 RGB（163，47，109），按住 Alt 键的同时，用鼠标拖动圆形并复制，选择最下层的图形调整不透明度，效果如图 3-1-47 所示。输入文字，效果如图 3-1-48 所示。将图形存储为"奥尼-HELLO.ai"文件和"奥尼色稿.ai"文件。

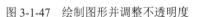

图 3-1-47　绘制图形并调整不透明度　　　　　图 3-1-48　输入文字

任务小结

　　本任务使用了钢笔工具、椭圆工具、圆角矩形工具、镜像工具、实时上色工具、建立剪切蒙版、高斯模糊等工具，对"奥尼安全管家"的吉祥物进行了创意设计，卡通形象生动、可爱，能够引起用户的好感。

任务 3.2　"奥尼安全管家"吉祥物的三视图、表情包和场景应用设计

岗位需求描述

　　一个活泼有趣的吉祥物对于品牌创建与发展起着不可估量的作用。由于吉祥物具有很强的可塑性、创造性，可以根据品牌宣传的需要设计不同的视图和表情包，并将其应用在场景中。现需要设计"奥尼安全管家"吉祥物的三视图、表情包和场景应用。

■设计理念思路

为宣传"奥尼安全管家"这一主题，本任务以洋葱的形象作为宣传的主体，将"奥尼"的正面、侧面、背面图一一完善，并设计了 6 种洋葱头表情包，给人们不同的视觉效果。通过为"奥尼安全管家"吉祥物设计不同的表情、姿势和动作，使之更富有生动性，以达到使人过目不忘的效果。

■素材与效果图

素材	效果图
无	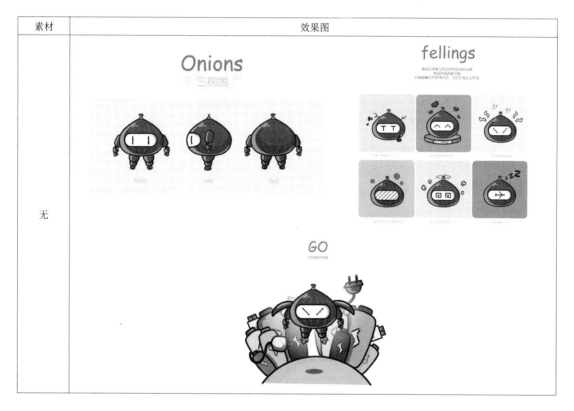

■岗位核心素养的技能技术需求

在卡通形象的绘制上，主要使用钢笔工具、矩形工具、椭圆工具、圆角矩形工具、直接选择工具、画笔工具、实时上色工具、镜像工具、剪切蒙版工具等。

┌─任务实施─┐

1. 绘制三视图

1）启动 Illustrator CS6 软件，按组合键 Ctrl+N，在弹出的"新建文档"对话框中设置文件名称为"三视图"，颜色模式为 RGB 颜色模式，其他参数保持默认，单击"确定"按钮，创建新文件，如图 3-2-1 所示。

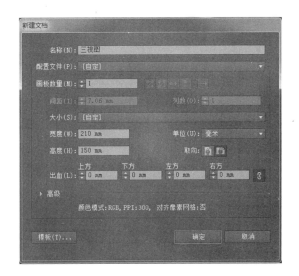

制作"奥尼安全管家"吉祥物　　　　　　　　图 3-2-1　创建"三视图"文档

2）打开"奥尼色稿.ai"文件，复制和粘贴需要的部位，如图 3-2-2 所示。使用钢笔工具绘制图形并填充白色，设置描边粗细为 2.5pt，选择"对象"→"扩展"命令，在弹出的"扩展"对话框中设置相应参数，效果如图 3-2-3 所示。继续使用钢笔工具绘制图形，填充颜色并调整不透明度，使用椭圆工具绘制眼睛，效果如图 3-2-4 所示。

图 3-2-2　复制图形　　　图 3-2-3　绘制眼眶　　　　　图 3-2-4　绘制眼部图形

3）将奥尼的手臂复制和粘贴过来，并调整方向角度，如图 3-2-5 所示。继续复制粘贴奥尼的腿部，使用直接选择工具，通过拖动锚点，调整奥尼腿部的路径和其他色块部分，调整后效果如图 3-2-6 所示。

图 3-2-5　复制和调整手臂图形　　　　　　图 3-2-6　复制和调整腿部图形

4）使用同样的方法调整奥尼的挂钩，效果如图 3-2-7 所示。至此，侧面图完成。

图 3-2-7 复制和调整挂钩图形

5）打开"奥尼色稿.ai"文件，复制和粘贴需要的部位，将眼睛部分去掉。选中奥尼的挂钩，使用镜像工具复制挂钩并将其放到适当的位置，如图 3-2-8 所示。至此，背面图完成。

图 3-2-8 用镜像工具复制图形

6）将正面图、侧面图、背面图放在适当的位置，并绘制背景和输入文字，最终效果如图 3-2-9 所示。将图形存储为"奥尼三视图.ai"文件。

图 3-2-9 三视图完成效果

2. 绘制表情包

1）按组合键 Ctrl+N，在弹出的"新建文档"对话框中设置文件名称为"表情包"，颜色模式为 RGB 颜色模式，其他参数保持默认，单击"确定"按钮，创建新文件，如图 3-2-10 所示。

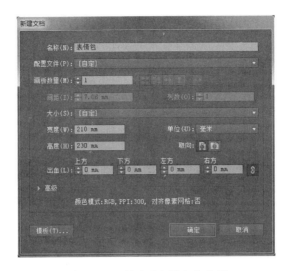

图 3-2-10 创建"表情包"文档

2）打开"奥尼色稿.ai"文件，选中奥尼的头部，按住 Alt 键，用鼠标拖动复制 6 个，如图 3-2-11 所示。

图 3-2-11 复制奥尼头部图形

3）选中眼睛蒙版，右击，在弹出的快捷菜单中选择"释放剪切蒙版"命令，如图 3-2-12 所示。选中圆形组，按组合键 Shift+Ctrl+G 解散编组，修改眼睛部分中圆形的填充色为黑色。选中所有的圆形，按组合键 Ctrl+G 将其组成编组，按住 Shift 键的同时选择圆角矩形，选择"对象"→"剪切蒙版"→"建立"命令，效果如图 3-2-13 所示。

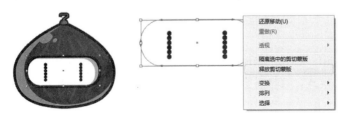

图 3-2-12 释放剪切蒙版

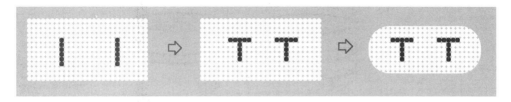

图 3-2-13 修改眼睛图形

4）重复步骤 3），用相同的方法完成其他 5 个表情包的眼睛制作，效果如图 3-2-14 所示。

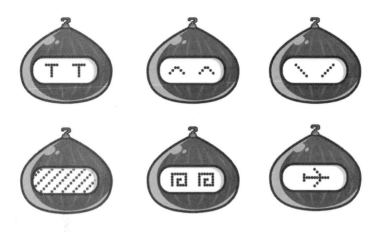

图 3-2-14 修改其他表情包的眼睛图形

5）使用椭圆工具和钢笔工具分别绘制图形，选中全部图形，选择"对象"→"扩展"命令，参数保持默认，填充颜色，使暗部为深灰色，亮部为浅灰色，组合成螺钉图形，效果如图 3-2-15 所示。选中螺钉图形，复制两个并调整其方向和大小，放在"表情 1"图形适当的位置，如图 3-2-16 所示。

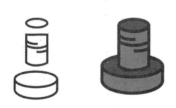

图 3-2-15 绘制螺钉图形

图 3-2-16 复制螺钉图形并调整位置

6）使用椭圆工具绘制圆形，填充描边颜色为 RGB（178，129，70），复制两个并调整大小，如图 3-2-17 所示。使用钢笔工具绘制图形，如图 3-2-18 所示。选中全部图形，选择"对象"→"扩展"命令，参数保持默认；使用实时上色工具填充颜色，效果如图 3-2-19 所示。组合图形，效果如图 3-2-20 所示。

图 3-2-17 绘制圆形　　　图 3-2-18 绘制图形 1　　　图 3-2-19 填充颜色　　　图 3-2-20 组合图形

7）使用钢笔工具分别绘制 3 个暗部图形，并填充颜色，如图 3-2-21 所示。使用钢笔工具和椭圆工具分别绘制亮部图形，并填充颜色，效果如图 3-2-22 所示。将图形放在"表情 2"图形适当的位置，如图 3-2-23 所示。

图 3-2-21 绘制暗部图形　　　图 3-2-22 绘制亮部图形　　　图 3-2-23 组合图形

8）使用钢笔工具绘制心形图形，并填充颜色。使用直线段工具，在图形周围画上线段，选择所有线段，在"描边"控制面板中设置参数，如图 3-2-24 所示。选择"对象"→"扩展"命令，参数保持默认，选中图形，复制 3 个图形，分别调整其大小和方向，放在"表情 2"图形适当的位置，效果如图 3-2-25 所示。

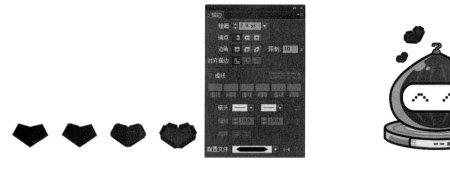

图 3-2-24 绘制心形图形　　　　　　　　图 3-2-25 调整图形

9）用相同的方法分别绘制其他图形并填充颜色。选中所需图形，按住 Alt 键的同时，用鼠标拖动进行复制，并调整其大小和方向，放在对应的表情图形的适当位置，效果如图 3-2-26 所示。使用画笔工具，参数默认，在"表情 1"和"表情 3"中绘制线条，效果如图 3-2-27 所示。

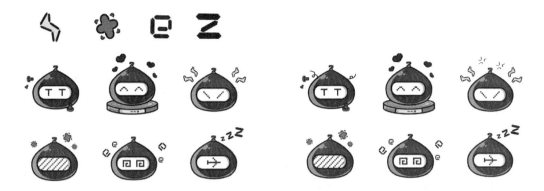

图 3-2-26　绘制其他图形并放置在对应表情上　　　图 3-2-27　绘制"表情 1"和"表情 3"的线条

10）使用圆角矩形工具绘制背景色块，填充颜色，设置不透明度为 43%；使用文字工具输入文字，设置不透明度为 73%，最终效果如图 3-2-28 所示，将图形存储为"奥尼-表情包.ai"文件。

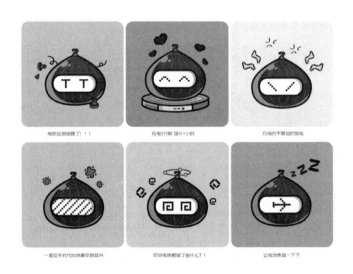

图 3-2-28　表情包效果图

3. 绘制场景应用

1）按组合键 Ctrl+N，在弹出的"新建文档"对话框中设置文档名称为"奥尼-场景应用"，颜色模式为 RGB 颜色模式，其他参数保持默认，如图 3-2-29 所示，单击"确定"按钮。

2）在"色板"面板中单击"新建色板"按钮，后 10 种颜色分别为 RGB（218，223，0）、RGB（141，194，31）、RGB（247，181，44）、RGB（195，13，35）、RGB（120，23，28）、RGB（0，159，232）、RGB（92，46，22）、RGB（163，138，119）、RGB（106，57，6）、RGB（199，159，98），如图 3-2-30 所示。

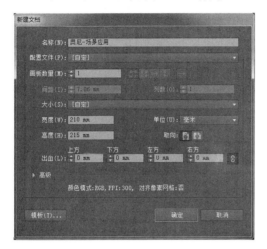

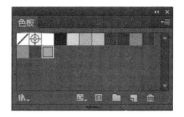

图 3-2-29　创建"奥尼-场景应用"文档　　　　　图 3-2-30　新建色板

3）使用钢笔工具绘制路径，如图 3-2-31 所示。设置填充颜色为 RGB（144，191，31），描边颜色为黑色，描边粗细为 6pt，描边端点为"圆头端点"，选择"对象"→"扩展"命令，参数保持默认，效果如图 3-2-32 所示。继续使用钢笔工具和椭圆工具绘制图形，填充颜色为 RGB（30，170，57），描边颜色为无，效果如图 3-2-33 所示。

图 3-2-31　绘制路径　　　　　图 3-2-32　填充颜色　　　　　图 3-2-33　绘制图形并填充颜色

4）使用钢笔工具绘制图形，填充颜色为 RGB（218，223，0），描边颜色为黑色，描边粗细为 6pt，如图 3-2-34 所示。使用钢笔工具绘制暗部，填充颜色，描边颜色为无，不透明度为 50%，如图 3-2-35 所示。使用钢笔工具绘制电池的电极部位，并填充颜色，效果如图 3-2-36 所示。继续绘制电极部位的暗部，并填充颜色，效果如图 3-2-37 所示。

图 3-2-34　绘制图形 2　　图 3-2-35　绘制电池暗部　　图 3-2-36　绘制电池的　　图 3-2-37　绘制电极部
　　　　　　　　　　　　　　　　　　　　　　　　　　　　　　电极部位　　　　　　　位的暗部

5）打开"奥尼-表情包.ai"文件，按组合键 Ctrl+C 复制闪电图形，按组合键 Ctrl+V 将其粘贴在电池上，完成"电池 1"，如图 3-2-38 所示。复制 4 个电池，进行删减，使用直接选择工具调整细节，并分别改变填充颜色，效果如图 3-2-39 所示。

图 3-2-38　复制闪电　　　　　　　图 3-2-39　调整复制电池的细节并填充其他颜色

6）使用矩形工具绘制矩形，设置填充颜色为灰色，描边颜色为黑色，描边粗细为 7pt，描边边角为"圆角连接"，效果如图 3-2-40 所示。使用矩形工具在矩形中间绘制图形，设置填充颜色为黑色，描边颜色为无，效果如图 3-2-41 所示。使用椭圆工具绘制两个圆形，设置填充颜色为黑色，取消选区，效果如图 3-2-42 所示。

图 3-2-40　绘制矩形　　　　图 3-2-41　绘制中间图形　　　　图 3-2-42　绘制圆形

7）使用矩形工具绘制图形，设置描边粗细为 7pt，描边边角为"圆角连接"，如图 3-2-43 所示。使用椭圆工具绘制圆形，设置描边粗细为 7pt，如图 3-2-44 所示。选择两个图形，在"路径查找器"面板单击"联集"按钮，填充白色，输入"USB"，文字颜色为浅灰色，效果如图 3-2-45 所示。

图 3-2-43　绘制图形 3　　　　图 3-2-44　绘制圆形　　　　图 3-2-45　输入"USB"

8）使用钢笔工具和直线段工具绘制图形，设置描边颜色为黑色，描边粗细分别为 6pt 和 9pt，描边端点为"圆头端点"，效果如图 3-2-46 所示。使用钢笔工具绘制图形，并填充灰色，效果如图 3-2-47 所示。选中两个图形，选择"对象"→"剪切蒙版"→"建立"命令，然后按组合键 Shift+Ctrl+[，将填充色置于底层，效果如图 3-2-48 所示。使用钢笔工具和椭圆工具绘制图形，并填充灰色，效果如图 3-2-49 所示。

图 3-2-46 绘制图形 4　　图 3-2-47 绘制图形 5　　图 3-2-48 建立剪切蒙版　　图 3-2-49 绘制图形并
填充灰色

9）使用钢笔工具绘制两个图形，并填充颜色，设置描边参数，如图 3-2-50 所示。使用钢笔工具绘制路径，设置描边粗细为 9pt，描边端点为"圆头端点"，效果如图 3-2-51 所示。重复步骤 8）绘制图 3-2-52。使用钢笔工具和椭圆工具分别绘制图形，并选择外轮廓路径，按组合键 Shift+Ctrl+]，将其置于顶层，效果如图 3-2-53 所示。

图 3-2-50 绘制图形 6　　　图 3-2-51 绘制　　图 3-2-52 绘制　　图 3-2-53 绘制
路径　　　　图形 7　　　　图形 8

10）使用圆角矩形工具绘制图形，如图 3-2-54 所示。在图形上面绘制圆形，然后选取两个图形，单击"路径查找器"面板中的"减去顶层"按钮 ，效果如图 3-2-55 所示。然后按住 Alt 键的同时，用鼠标拖动图形，复制图形，效果如图 3-2-56 所示。

图 3-2-54 绘制圆角矩形　　　　图 3-2-55 绘制圆形　　　　图 3-2-56 复制图形

11）复制需要的电池图形，改变部分电池的填充颜色、大小和方向，如图 3-2-57 所示。复制两个 USB 图形，连同插头图形一起放在适当的位置，效果如图 3-2-58 所示。

图 3-2-57　复制电池图形并调整颜色　　　图 3-2-58　复制 USB 图形及摆放效果

12）使用钢笔工具绘制投影图形，设置填充颜色为 RGB（195，13，35），描边颜色为无，不透明度为 50%，连续按组合键 Ctrl+[，将其移到合适的位置，如图 3-2-59 所示。使用相同的方法绘制其他投影图形；选择背景图形，按组合键 Shift+Ctrl+]，将其置于顶层，效果如图 3-2-60 所示。使用椭圆工具绘制两个同心圆形，填充由白色到完全透明的渐变色，并设置参数，如图 3-2-61 所示。

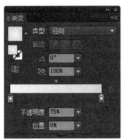

图 3-2-59　绘制　　图 3-2-60　绘制其他阴影图形　　　　图 3-2-61　绘制同心圆形
　阴影图形

13）选择较大的圆形按组合键 Ctrl+C 复制图形，连续按两次组合键 Ctrl+B，将复制的图形粘贴在后面，取消选区，使用矩形工具绘制一个矩形，如图 3-2-62 所示。按 Shift 键的同时选中所有的渐变圆形，选择"对象"→"剪切蒙版"→"建立"命令，输入文字，效果如图 3-2-63 所示。

图 3-2-62　绘制矩形　　　　　　　　　　图 3-2-63　建立剪切蒙版

14）打开"奥尼色稿.ai"文件，复制和粘贴需要的部位，如图 3-2-64 所示。使用钢笔工具绘制翅膀图形和脚掌图形，填充颜色分别为 RGB（163，47，109）、RGB（247，181，44），描边粗细分别为 8pt 和 4pt，如图 3-2-65 所示。继续绘制翅膀和脚掌处的亮部图形，如图 3-2-66 所示。选择翅膀和脚掌的外轮廓路径，按组合键 Shift+Ctrl+]，将其置于顶层，效果如图 3-2-67 所示。

图 3-2-64　复制并　　　图 3-2-65　绘制翅膀和　　图 3-2-66　绘制翅膀和　　图 3-2-67　调整图形顺序
　　　　粘贴图形　　　　　　　　　脚掌图形　　　　　　　　脚掌处的亮部图形

15）选中翅膀和脚掌，使用镜像工具复制图形并放到合适的位置，效果如图 3-2-68 所示。将奥尼放在背景上，选中所有路径，然后选择"对象"→"扩展"命令，参数保持默认，最终场景效果如图 3-2-69 所示。将图形存储为"奥尼场景应用.ai"。

图 3-2-68　用镜像工具复制图形　　　　　　　　图 3-2-69　场景效果

任务小结

本任务主要使用钢笔工具、矩形工具、椭圆工具、圆角矩形工具、直接选择工具、画笔工具、实时上色工具、镜像工具、剪切蒙版工具等，设计了新颖独特的卡通吉祥物形象的三视图、表情包和场景应用。

任务 3.3 云奇卡通形象与衍生设计

■ 岗位需求描述

一个优秀的卡通形象能使品牌生命力更加旺盛、传播速度更快、传播范围更广。吉祥物具有很强的可塑性、创造性，可以根据品牌宣传的需要设计不同的表情包和衍生物。××是一家专注于电子商务投资、开发、运营的互联网公司，现需要为该公司设计一个拟人化、形象可爱阳光的动物卡通形象，包括卡通形象的三视图、6 种基础表情和不同的衍生场景设计。

■ 设计理念思路

为宣传"东谷云商"这一企业形象，本任务以"猫"为基础设计一个可爱的动物卡通形象，并将它命名为云奇。然后将云奇的正面图、侧面图、背面图一一完善，并设计了 6 种不同的表情包，给人们不同的视觉感受。云奇拟人化的卡通形象适用于各种衍生的场景设计，如美国队长、海盗路飞、超级玛丽、葫芦娃等。

■ 素材与效果图

素材	效果图

续表

素材	效果图
无	衍生场景： 

■ 岗位核心素养的技能技术需求

在绘制卡通形象时，使用钢笔工具、矩形工具、椭圆工具、圆角矩形工具、吸管工具、直线段工具、镜像工具、星形工具等，并利用添加锚点工具和直接选择工具修改图形以达到满意的效果。

·任务实施·

1. 绘制三视图

1）启动 Illustrator CS6 软件，按组合键 Ctrl+N，在弹出的"新建文档"对话框中设置文档名称为"云奇三视图"，颜色模式为 RGB 颜色模式，其他参数保持默认，如图 3-3-1 所示，单击"确定"按钮。

"云奇卡通形象与衍生"演示视频

2）单击"色板"面板中的"新建色板"按钮，8 种颜色分别为 RGB（80，79，79）、RGB（219，220，220）、RGB（237，149，188）、RGB（214，124，170）、RGB（44，166，224）、RGB（23，132，179）、RGB（229，0，18）、RGB（130，26，31），如图 3-3-2 所示。

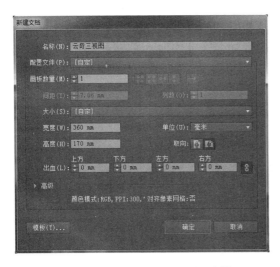

图 3-3-1 创建"云奇三视图"文档

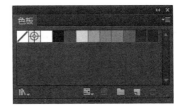

图 3-3-2 新建色板

3）使用椭圆工具绘制一个圆形，使用添加锚点工具，在圆形上添加需要的锚点，使用直接选择工具逐一调整圆形的各个锚点，将内部填充为白色，设置描边颜色为 RGB（80，79，79），效果如图 3-3-3 所示。使用钢笔工具绘制暗部图形，设置填充颜色为 RGB（219，220，220），描边颜色为无，效果如图 3-3-4 所示。使用椭圆工具绘制一个圆形，将内部填充白色，设置描边颜色为 RGB（29，32，135），效果如图 3-3-5 所示。

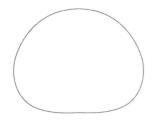

图 3-3-3 绘制圆形并调整形状

图 3-3-4 绘制圆形的暗部

图 3-3-5 绘制圆形

4）按组合键 Ctrl+C 复制圆形，按组合键 Ctrl+F 粘贴至上层，按住组合键 Alt+Shift，并向内移动鼠标使圆形缩小，然后设置渐变色，效果如图 3-3-6 所示。使用椭圆工具绘制两个白色圆形，设置描边颜色为无；选中眼睛图形，同时按 Alt 键，向右拖动鼠标复制眼睛，如图 3-3-7 所示。

图 3-3-6 复制圆形并填充渐变色

图 3-3-7 复制眼睛图形

5）使用椭圆工具绘制两个圆形，大的填充黑色，小的填充白色，设置描边颜色为无，将两个圆形组合为云奇的鼻子，效果如图 3-3-8 所示。使用钢笔工具绘制一条曲线，描边颜色用吸管工具 🖊 吸取脸部外描边颜色进行填充，如图 3-3-9 所示。使用直线段工具绘制牙齿，设置填充颜色为无，描边颜色为 RGB（139，139，139），如图 3-3-10 所示。

图 3-3-8　绘制鼻子　　　　　　图 3-3-9　绘制曲线　　　　　　图 3-3-10　绘制牙齿

6）使用钢笔工具绘制鼻子和嘴巴的投影，使用吸管工具吸取脸部暗部颜色进行填充，设置描边颜色为无，如图 3-3-11 所示。使用钢笔工具绘制耳朵图形，填充白色，描边颜色用吸管工具吸取脸部外描边颜色进行填充，如图 3-3-12 所示。使用钢笔工具在耳朵内绘制图形，填充粉红色 RGB（237，149，188），如图 3-3-13 所示。使用椭圆工具在脸部绘制圆形，填充粉红色，如图 3-3-14 所示。

图 3-3-11　绘制鼻子和　　　图 3-3-12　绘制耳朵　　　图 3-3-13　绘制耳朵内　　　图 3-3-14　绘制脸部
　　　　　嘴巴的投影　　　　　　　　　　　　　　　　　　　　　图形　　　　　　　　　　圆形

7）使用钢笔工具绘制耳朵暗部，分别填充颜色；使用椭圆工具绘制脸颊高光，填充白色，如图 3-3-15 所示。使用钢笔工具绘制眼镜图形，填充白色，设置描边颜色为 RGB（3，110，183），描边粗细为 0.5pt，不透明度为 45%，效果如图 3-3-16 所示。

图 3-3-15　绘制耳朵暗部和脸颊高光　　　　　　　　图 3-3-16　绘制眼镜

8）使用钢笔工具绘制图形，设置填充颜色为 RGB（0，159，232），如图 3-3-17 所示。使用钢笔工具绘制闪电图形，填充颜色，描边粗细为 1pt，如图 3-3-18 所示。

图 3-3-17　绘制图形并填充蓝色　　　　　图 3-3-18　绘制闪电图形效果

9）使用钢笔工具绘制身体图形，并填充颜色，如图 3-3-19 所示。继续绘制手部图形，如图 3-3-20 所示。使用钢笔工具绘制身体暗部，填充灰色 RGB（200，201，202），设置描边颜色为无，如图 3-3-21 所示。使用钢笔工具绘制图形，并设置填充颜色为 RGB（44，166，224），描边颜色为 RGB（90，91，91），如图 3-3-22 所示。

图 3-3-19　绘制身体图形　　图 3-3-20　绘制手部图形　　图 3-3-21　绘制身体暗部　　图 3-3-22　绘制服饰图形

10）使用钢笔工具和椭圆工具绘制图形，填充白色，描边颜色用吸管工具吸取手部描边颜色填充，如图 3-3-23 所示。使用钢笔工具绘制暗部图形，填充颜色，设置描边颜色为无，如图 3-3-24 所示。使用钢笔工具绘制"东谷云商"标志并填充颜色，并使用文字工具输入"东谷云商"，颜色为 RGB（0，83，165），效果如图 3-3-25 所示。

图 3-3-23　绘制圆形　　　图 3-3-24　绘制脚部的暗部　　图 3-3-25　添加"东谷云商"公司标志

11）使用钢笔工具绘制尾巴，颜色用吸管工具吸取手部颜色填充，如图 3-3-26 所示。使用钢笔工具绘制尾巴暗部，颜色用吸管工具吸取脸部暗部颜色填充，如图 3-3-27 所示。使用钢笔工具绘制披风，设置填充颜色为 RGB（229，0，18），描边颜色为 RGB（107，19，24），如图 3-3-28 所示。使用钢笔工具绘制披风暗部，设置填充颜色为 RGB（130，26，31），如图 3-3-29 所示。至此，云奇正面图完成。

图 3-3-26　绘制尾巴　　图 3-3-27　绘制尾巴暗部　　图 3-3-28　绘制披风　　图 3-3-29　绘制披风暗部

12）选中云奇正面图所有图形，按组合键 Ctrl+G 将其组成编组，使用镜像工具，在弹出的"镜像"对话框中设置参数，单击"复制"按钮，效果如图 3-3-30 所示。

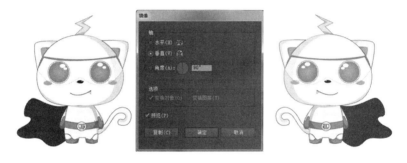

图 3-3-30　使用镜像工具复制云奇正面图形

13）选中复制的图形，按组合键 Shift+Ctrl+G 解散编组，删掉多余部分，并调整部分图形的排列顺序，如图 3-3-31 所示。使用钢笔工具逐一绘制暗部，填充颜色，如图 3-3-32 所示。至此，云奇背面图完成。

图 3-3-31　删除图形多余部分　　　　　　　　图 3-3-32　绘制暗部并填充颜色

14）选择云奇正面图中的头部图形，使用添加锚点工具添加需要的锚点，并使用直接选择工具逐一调整圆形的各个锚点，如图 3-3-33 所示。在图形选中的状态下，使用吸管工具移动背面图的头部描边处，单击吸取颜色，如图 3-3-34 所示。将吸取的颜色填充至调整的圆形描边处，效果如图 3-3-35 所示。从云奇正面图中复制粘贴所需要的图形，并调整其位置、形状和大小，使用直接选择工具调整部分图形形状，如图 3-3-36 所示。

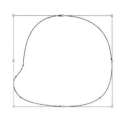

图 3-3-33 添加并调整 | 图 3-3-34 吸取颜色 | 图 3-3-35 填充描边 | 图 3-3-36 调整部分
锚点 | | 颜色 | 图形形状

15）从正面图中复制粘贴所需要的眼镜图形，如图 3-3-37 所示。使用钢笔工具绘制路径，如图 3-3-38 所示。在选中的状态下，按住 Shift 键单击眼镜图形，然后右击，在弹出的快捷菜单中选择"建立剪切蒙版"命令，效果如图 3-3-39 所示。

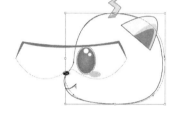

图 3-3-37 复制眼镜图形 | 图 3-3-38 绘制路径 | 图 3-3-39 建立剪切蒙版

16）从正面图中复制粘贴所需要的图形，并调整其形状、大小，使用直接选择工具调整部分图形的形状，如图 3-3-40 所示。使用钢笔工具绘制手部图形，使用吸管工具吸取正面图中手部颜色填充，如图 3-3-41 所示。从背面图中复制粘贴所需要的披风图形，使用直接选择工具调整形状，如图 3-3-42 所示。至此，云奇侧面图完成。

图 3-3-40 调整部分图形的形状 | 图 3-3-41 绘制手部图形 | 图 3-3-42 复制和调整披风图形

17）使用椭圆工具绘制投影，填充深灰色，然后选择"效果"→"模糊"→"高斯模糊"命令，在弹出的"高斯模糊"对话框中设置半径为 26 像素，效果如图 3-3-43 所示。复制粘贴两个投影，分别放在正面图、背面图的适当位置，使用圆角矩形工具绘制一个圆角矩形，并填充由深蓝至灰蓝从上到下的线性渐变色作为背景，调整云奇正面图、背面图、侧面图的大小和位置，输入文字，完成云奇三视图，效果如图 3-3-44 所示。

图 3-3-43　绘制投影　　　　　　　　　　图 3-3-44　云奇三视图完成效果

2．绘制表情包

1）按组合键 Ctrl+N，在弹出的"新建文档"对话框中设置文档名称为"云奇表情包"，颜色模式为 RGB 颜色模式，其他参数保持默认，如图 3-3-45 所示，单击"确定"按钮。

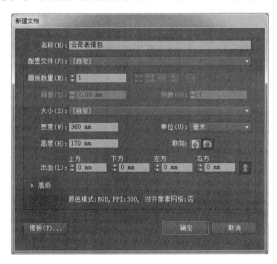

图 3-3-45　创建"云奇表情包"文档

2）从云奇正面图中复制粘贴所需要的头部图形，如图 3-3-46 所示。使用钢笔工具绘制嘴巴，填充颜色，效果如图 3-3-47 所示。使用钢笔工具绘制舌头，并填充颜色，效果如图 3-3-48 所示。使用钢笔工具绘制牙齿，并使用吸管工具吸取脸部颜色填充，如图 3-3-49 所示。

图 3-3-46　复制需要的　　图 3-3-47　绘制嘴巴　　图 3-3-48　绘制舌头　　图 3-3-49　绘制牙齿
　　　　　　头部图形

3）使用钢笔工具绘制牙齿暗部，并填充颜色，效果如图 3-3-50 所示。使用钢笔工具绘制路径，并填充路径颜色，效果如图 3-3-51 所示。至此，表情 1 完成。

图 3-3-50　绘制牙齿暗部　　　　　　　　　　　图 3-3-51　绘制路径

4）从云奇正面图中复制粘贴所需要的头部图形，如图 3-3-52 所示。使用钢笔工具绘制路径，路径颜色为 RGB（35，24，21），效果如图 3-3-53 所示。使用椭圆工具绘制眼泪圆形，设置填充颜色为白色，描边颜色为无，效果如图 3-3-54 所示。至此，表情 2 完成。

图 3-3-52　复制需要的头部图形　　　图 3-3-53　绘制嘴巴　　　图 3-3-54　绘制眼泪

5）从云奇正面图中复制粘贴所需要的头部图形，如图 3-3-55 所示。使用选择工具选择眼球，在选择的状态下按组合键 Shift+Alt，同时拖动鼠标指针缩小眼球，如图 3-3-56 所示。使用钢笔工具绘制嘴巴，设置填充颜色为 RGB（193，83，144），描边颜色为 RGB（35，24，21），效果如图 3-3-57 所示。

图 3-3-55　复制头部图形　　　　图 3-3-56　缩小眼球　　　　图 3-3-57　绘制嘴巴

6）使用钢笔工具绘制牙齿图形，设置填充颜色为白色，描边颜色为 RGB（35，24，21），效果如图 3-3-58 所示。使用直线段工具绘制黑色线条，设置线条粗细为 2pt，如图 3-3-59 所示。至此，表情 3 完成。

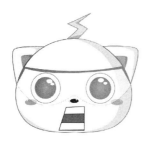

图 3-3-58　绘制牙齿

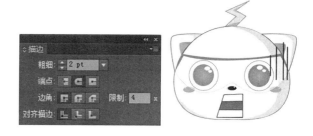

图 3-3-59　绘制黑色线条

7）从云奇正面图中复制粘贴所需要的头部图形，如图 3-3-60 所示。使用直线段工具绘制眼睛，设置描边粗细为 3pt，如图 3-3-61 所示。

图 3-3-60　复制需要的
　　　　　头部图形

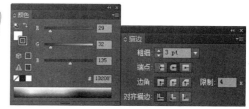

图 3-3-61　绘制眼睛

8）使用直线段工具绘制眉毛，如图 3-3-62 所示。从云奇正面图中复制粘贴眼镜图形，效果如图 3-3-63 所示。至此，表情 4 完成。

图 3-3-62　绘制眉毛

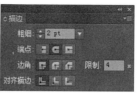

图 3-3-63　复制眼镜图形

9）从云奇正面图中复制粘贴眼球图形，如图 3-3-64 所示。使用矩形工具绘制矩形，如图 3-3-65 所示。同时选中路径和眼球，单击"路径查找器"面板中的"减去顶层"按钮，效果如图 3-3-66 所示。

图 3-3-64　复制眼球图形

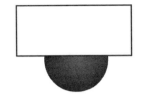
图 3-3-65　绘制矩形

图 3-3-66　减去顶层

10）从云奇正面图中复制粘贴眼眶图形，如图 3-3-67 所示。同时选中眼眶和步骤 9）得到的眼球，单击"路径查找器"面板中的"减去顶层"按钮，使用直接选择工具调整，得到的眼眶效果如图 3-3-68 所示。从云奇正面图中复制其他所需的图形，如图 3-3-69 所示。使用钢笔工具绘制嘴巴，设置填充颜色为 RGB（193，83，144），描边颜色为 RGB（93，20，18），效果如图 3-3-70 所示。

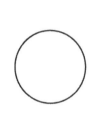
图 3-3-67　复制
眼眶图形

图 3-3-68　调整眼眶

图 3-3-69　复制其他
需要的图形

图 3-3-70　绘制嘴巴

11）使用钢笔工具绘制嘴巴上的路径，效果如图 3-3-71 所示。使用钢笔工具绘制图形，设置填充颜色为 RGB（166，36，119），效果如图 3-3-72 所示。至此，表情 5 完成。

图 3-3-71　绘制嘴巴上的路径

图 3-3-72　绘制舌头并填充颜色

12）复制粘贴表情 5 中所需的图形，并调整眼睛的形状，如图 3-3-73 所示。使用直线段工具绘制嘴巴，设置描边粗细为 1pt，效果如图 3-3-74 所示。

  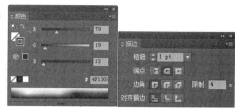

图 3-3-73 复制和调整图形 　　　　　　　　图 3-3-74 绘制嘴巴

13）使用钢笔工具绘制汗滴图形，设置填充颜色为白色，效果如图 3-3-75 所示。至此，表情 6 完成。使用圆角矩形工具绘制一个矩形，并填充由深蓝至灰蓝的渐变色作为背景，调整 6 个表情的大小和位置，完成云奇表情包，效果如图 3-3-76 所示。

图 3-3-75 绘制汗滴图形 　　　　　　　　图 3-3-76 云奇表情包完成效果

3. 绘制场景应用

1）按组合键 Ctrl+N，在弹出的"新建文档"对话框中设置文档名称为"场景应用 1"，颜色模式为 RGB 颜色模式，其他参数保持默认，如图 3-3-77 所示，单击"确定"按钮。

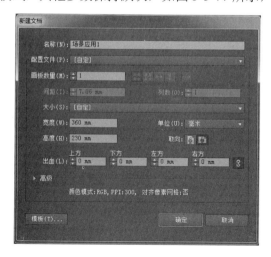

图 3-3-77 创建"场景应用 1"文档

2）从云奇正面图和表情 5 中复制粘贴所需图形，如图 3-3-78 所示。使用选择工具逐一选择各个部位，将颜色逐一改变，效果如图 3-3-79 所示。使用椭圆工具和钢笔工具绘制图形，填充白色，效果如图 3-3-80 所示。选择 3 个图形，连续按组合键 Ctrl+[，不断后移一层，直到后移到适合的位置为止，效果如图 3-3-81 所示。

图 3-3-78　复制所需的　　图 3-3-79　改变颜色　　图 3-3-80　绘制　　图 3-3-81　调整顺序
　　　　　　图形　　　　　　　　　　　　　　　　　脸部图形

3）使用钢笔工具绘制手部图形，使用吸管工具吸取脸部亮部颜色填充，如图 3-3-82 所示。使用钢笔工具绘制图形，填充白色，如图 3-3-83 所示。使用钢笔工具绘制图形，设置填充颜色为 RGB（185，32，59），使用吸管工具吸取脸部描边颜色填充，并将腿部图形颜色也改为 RGB（185，32，59），暗部颜色为 RGB（148，38，72），如图 3-3-84 所示。

图 3-3-82　绘制手臂图形　　　　图 3-3-83　绘制手部图形　　　　图 3-3-84　绘制手

4）使用钢笔工具绘制手指，如图 3-3-85 所示。使用钢笔工具绘制手部暗部，设置填充颜色为 RGB（55，86，129），同时修改腿部暗部图形颜色，如图 3-3-86 所示。从云奇正面图中复制粘贴所需的腰带图形，并将腰带图形的颜色改成白色，如图 3-3-87 所示。

图 3-3-85　绘制手指　　　图 3-3-86　绘制手部和腿部的暗部　　　图 3-3-87　复制和修改腰带图形

5）使用钢笔工具绘制图形，使用吸管工具吸取手指颜色填充，如图 3-3-88 所示。使用同样的方法继续绘制图形，如图 3-3-89 所示。使用星形工具 ☆ 绘制五角星形；使用钢笔工具绘制"A"字图形，如图 3-3-90 所示。

图 3-3-88　绘制条纹　　　　图 3-3-89　绘制其他条纹　　　图 3-3-90　绘制五角星形和"A"
　　　　　　　　　　　　　　　　　　　　　　　　　　　　　　　　　　 字图形

6）使用椭圆工具绘制圆形，使用吸管工具吸取脸部暗部颜色填充，如图 3-3-91 所示。选择圆形，按组合键 Ctrl+C 复制图形，按组合键 Ctrl+F 粘贴到顶层，在选中的状态下按组合键 Shift+Alt，同时拖动鼠标指针缩小圆形，使用吸管工具吸取手指颜色填充，如图 3-3-92 所示。使用同样方法复制 3 个圆形，缩小圆形，分别填充白色、红色、蓝灰色，如图 3-3-93 所示。

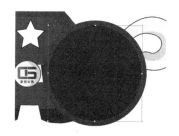

图 3-3-91　绘制圆形　　　　　图 3-3-92　复制圆形　　　　图 3-3-93　继续复制 3 个圆形

7）使用星形工具绘制星形，如图 3-3-94 所示。使用钢笔工具绘制暗部，设置填充颜色为 RGB（42，65，89），如图 3-3-95 所示。继续绘制亮部，填充白色，设置不透明度为 85%，效果如图 3-3-96 所示。

图 3-3-94　绘制星形　　　　　图 3-3-95　绘制盾牌暗部　　　　图 3-3-96　绘制亮部

8）使用选择工具选中盾牌所有图形，按组合键 Ctrl+G 将其组成编组，选择"效果"→"风格化"→"投影"命令，在弹出的"投影"对话框中设置参数，如图 3-3-97 所示。

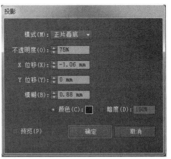

图 3-3-97　设置盾牌投影

9）使用选择工具选中所有图形，按组合键 Ctrl+G 将其组成编组，选择"效果"→"风格化"→"投影"命令，在弹出的"投影"对话框中设置参数，如图 3-3-98 所示。从云奇正面图中复制粘贴脚下投影，效果如图 3-3-99 所示。

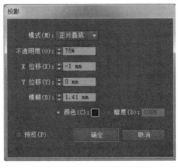

图 3-3-98　设置所有图形投影　　　　　　　　图 3-3-99　复制脚下投影

10）打开"场景应用 1.ai"素材文件，将背景复制粘贴，并置于底层，最终效果如图 3-3-100 所示。至此，云奇场景应用完成。

图 3-3-100　粘贴背景素材并调整大小

场景应用中的其他卡通形象绘制方法与上文中介绍的类似，学生们可自行完成。

任务小结

本任务运用钢笔工具、矩形工具、椭圆工具、圆角矩形工具、吸管工具、添加锚点工具、直接选择工具、直线段工具、镜像工具、星形工具等，设计出亲切、可爱的动物卡通形象和各种不同的场景。

任务 3.4　游戏卡通形象设计

▌岗位需求描述

"保卫萝卜 2：极地冒险"是由北京凯罗天下科技有限公司研发的一款休闲益智类塔防游戏，是"保卫萝卜"的续作，是一款包装精美、可爱的塔防游戏。现需要在线稿的基础上设计游戏卡通形象，以表现其主人公小萝卜呆萌的形象。

▌设计理念思路

这个故事讲述的是，主人公小萝卜乘坐小船开始一次旅程，却不小心撞上了冰山，小萝卜套着救生圈在海上漂了很久，直到漂到了一片冰天雪地的世界中。小萝卜以为自己安全了，但是这个世界有很多怪物在等着吃掉它，所以呼吁游戏者来保卫小萝卜。

为宣传"保卫萝卜 2：极地冒险"的主人公小萝卜的呆萌性格，本任务主要运用一些绘图小技巧来表现小萝卜、救生圈和文字的质感和细节，以此打造可爱的界面风格。

▌素材与效果图

素材	效果图

岗位核心素养的技能技术需求

在绘制卡通形象时，使用钢笔工具、渐变工具、网格工具、直接选择工具、实时上色工具、椭圆工具、文字工具、画笔工具等来进行设计制作，要做到图形和色彩的合理搭配，注重刻画图形独特的质感。

任务实施

1. 绘制萝卜图形

1）启动 Illustrator CS6 软件，按组合键 Ctrl+O 打开"保卫萝卜 2.ai"素材文件，如图 3-4-1 所示。选择"图层 1"，单击"图层"面板右上方的下拉按钮 ，在打开的下拉列表中选择"复制图层 1"选项，双击"图层 1_复制"图层，修改名称为"文字"，新建图层2，修改名称为"萝卜"。选择萝卜图形，按组合键 Ctrl+X 剪切图形，按组合键 Ctrl+F 将其粘贴在"萝卜"图层，单击"图层 1"和"文字"图层的眼睛图形 ，将这两个图层隐藏，如图 3-4-2 所示。

"游戏卡通形象设
计"演示视频

图 3-4-1　打开素材

图 3-4-2　将萝卜图形粘贴到"萝卜"图层

2）选中萝卜身体并设置渐变色，使用渐变工具将渐变中心由左上方拉到右下方，效果如图 3-4-3 所示。选中萝卜叶子，设置填充颜色为 RGB（126，192，77），描边颜色为无，如图 3-4-4 所示。

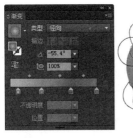

图 3-4-3　填充渐变色

图 3-4-4　填充叶子颜色

3）使用钢笔工具绘制叶子阴影处的 3 个图形，设置填充颜色为 RGB（46，132，58），如图 3-4-5 所示。在选中的状态下，选择"效果"→"模糊"→"高斯模糊"命令，在弹出"高斯模糊"对话框中设置半径为 4.4 像素，不透明度为 77%，效果如图 3-4-6 所示。

图 3-4-5　绘制叶子阴影　　　　　　　　　　图 3-4-6　设置叶子阴影高斯模糊

4）选择叶子上的图形，使用网格工具在图形上单击，创建一组交叉的网格线，使用直接选择工具选择网格里面的锚点，填充颜色，深色为 RGB（15，70，10），浅色为 RGB（65，147，54），描边颜色为无，并选择"效果"→"风格化"→"外发光"命令，在弹出的"外发光"对话框中设置外发光颜色为白色，如图 3-4-7 所示。使用同样的方法，结合网格工具和直接选择工具，分别为其他两个图形添加网格组并填充颜色，深色为 RGB（52，111，54），浅色为 RGB（0，63，23），并设置外发光，效果如图 3-4-7 所示。

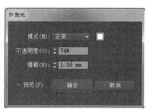
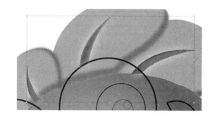

图 3-4-7　使用网格工具填充颜色

5）选中眼球图形，设置填充颜色为白色，使用网格工具在图形上单击，创建一组交叉的网格线，继续在图形上单击，创建第二组网格线，使用直接选择工具选择网格交叉的 4 个锚点，设置填充颜色为 RGB（190，209，220），描边颜色为无，选择"效果"→"风格化"→"投影"命令，在弹出的"投影"对话框中设置投影颜色为 RGB（51，31，22），如图 3-4-8 所示。选中较大的眼珠图形，设置填充颜色为 RGB（32，109，182），描边颜色为无，选择"效果"→"风格化"→"投影"命令，在弹出的"投影"对话框中设置投影颜色为白色，效果如图 3-4-9 所示。

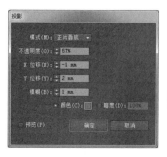

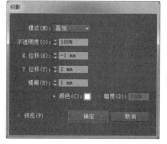

图 3-4-8　使用网格工具填充颜色　　　　　　图 3-4-9　设置眼珠投影

6）选择较小的眼珠图形，设置填充颜色为 RGB（0，70，156），运用步骤 5）的方法，使用网格工具和直接选择工具，为图形添加网格组并设置网格交叉锚点的填充颜色为 RGB（0，95，174），选择"效果"→"风格化"→"投影"命令，为较小的眼珠圆形添加投影，效果如图 3-4-10 所示。选择眼睛最小的圆形，设置填充颜色为白色，描边颜色为无。选中眼睛部位所有图形，按组合键 Ctrl+G 将其组成编组，复制一个放在右边适当的位置，微调一下形状大小，使右眼和左眼形状略有不同，效果如图 3-4-11 所示。

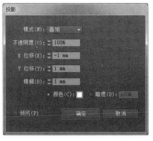

图 3-4-10　使用网格工具填充颜色　　　　　　图 3-4-11　复制眼睛并调整效果

7）选中嘴巴图形，按组合键 Ctrl+C 复制，按组合键 Ctrl+F 粘贴在前面，选中位于上面的图形，按组合键 Alt+Shift 键将其缩小一点，设置填充颜色为 RGB（178，49，49），描边颜色为无，使用网格工具和直接选择工具为图形添加网格组，并分别填充网格交叉锚点颜色为 RGB（233，79，76）、RGB（233，77，44）、RGB（214，45，41），如图 3-4-12 所示。选择位于下层的图形，设置填充颜色为 RGB（237，110，51），描边颜色为无，选择"效果"→"风格化"→"外发光"命令，在弹出的"外发光"对话框中设置相应参数，效果如图 3-4-13 所示。

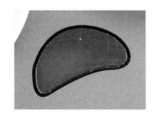
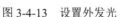

图 3-4-12　使用网格工具填充颜色　　　　　　图 3-4-13　设置外发光

8）选中汗滴图形，设置填充颜色为 RGB（236，105，53），描边颜色为无，使用网格工具和直接选择工具为图形添加网格组，并分别填充网格交叉锚点颜色，浅色依次为 RGB（245，179，161）、RGB（232，232，232），选择"效果"→"风格化"→"投影"命令，在弹出的"投影"对话框中设置投影颜色为 RGB（209，103，46），效果如图 3-4-14 所示。复制汗滴图形，缩小后放在适当的位置，如图 3-4-15 所示。

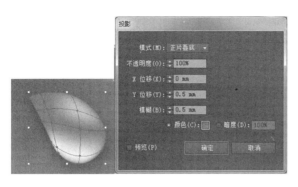

图 3-4-14　使用网格工具填充颜色　　　　　　　　　图 3-4-15　复制汗滴图形并放在适当位置

9）选中萝卜手部图形，使用吸管工具吸取萝卜身体的颜色为其填充颜色；选择"效果"→"风格化"→"投影"命令，在弹出的"投影"对话框中设置相应参数，效果如图 3-4-16 所示。

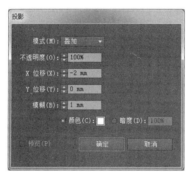

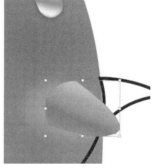

图 3-4-16　设置手部投影

10）选择游泳圈外轮廓路径，按组合键 Ctrl+C 复制，连续按两次组合键 Ctrl+F 粘贴在上层，如图 3-4-17 所示。选择位于顶层的一个外轮廓路径，按住 Shift 键继续选择游泳圈里面的路径，按组合键 Ctrl+G 将其组成编组，使用实时上色工具填充颜色为 RGB（214，37，58）、RGB（247，249，230），设置描边颜色为无，连续按组合键 Ctrl+[将其后移两层，效果如图 3-4-18 所示。

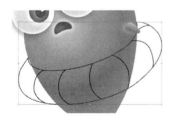

图 3-4-17　复制游泳圈外轮廓路径　　　　　　　　图 3-4-18　使用实时上色工具填充颜色

11）选择位于最上面的外轮廓，设置渐变色为由 RGB（108，47，43）至 RGB（109，50，47），描边颜色为无，按组合键 Ctrl+[将其后移一层，效果如图 3-4-19 所示。选择第二个复制的外轮廓，设置渐变色为由 RGB（108，47，43）至 RGB（109，50，47），描边颜色为无，不透明度为 84%，效果如图 3-4-20 所示。

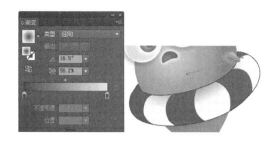

图 3-4-19　填充渐变色　　　　　　　　　图 3-4-20　填充第二个外轮廓的渐变色

12）使用钢笔工具绘制阴影，设置渐变色为由 RGB（197，0，11）至 RGB（238，118，37），描边颜色为无，如图 3-4-21 所示。在萝卜图形下方使用椭圆工具绘制圆形，设置填充颜色为白色，描边颜色为无，选择"效果"→"风格化"→"外发光"命令，在弹出的"外发光"对话框中设置外发光颜色为 RGB（170，170，170），单击"确定"按钮，效果如图 3-4-22 所示。

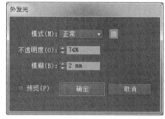

图 3-4-21　绘制阴影　　　　　　　　　　图 3-4-22　绘制圆形并设置外发光

13）使用钢笔工具绘制投影图形，设置渐变色为由 RGB（208，204，230）至 RGB（27，87，167），选择"效果"→"风格化"→"外发光"命令，参数设置同步骤 12），效果如图 3-4-23 所示。至此，萝卜图形完成，选中所有图形，按组合键 Ctrl+G 将其组成编组。

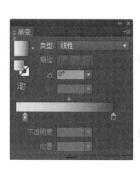

图 3-4-23　绘制圆形投影

2. 绘制文字

1）将"萝卜"图层隐藏起来，并将"文字"图层显示出来。选择"文字"图层中的文字路径，如图 3-4-24 所示。选择"对象"→"路径"→"偏移路径"命令，参数默认，单击"路径查找器"面板中的"联集"按钮，再右击，在弹出的快捷菜单中选择"释放复合路径"命令，效果如图 3-4-25 所示。

图 3-4-24　选择"文字"图层的文字路径　　　　图 3-4-25　设置偏移路径操作

2）选择围绕文字的最外侧路径，按组合键 Ctrl+C 复制，按组合键 Ctrl+B 粘贴在下一层，设置填充颜色为 RGB（29，42，117），描边颜色为无，按"→"方向键 3 次，按"↓"方向键 3 次，按组合键 Shift+Ctrl+[，将其置于底层，效果如图 3-4-26 所示。

图 3-4-26　填充颜色并调整位置

3）选择复制的路径，设置渐变色标依次为 RGB（171，216，241）、RGB（46，167，224）、RGB（0，160，233）、RGB（40，88，160），描边颜色为无，使用渐变工具将渐变中心由中心拉到边缘，选择"效果"→"模糊"→"高斯模糊"命令，在弹出的"高斯模糊"对话框中设置半径为 0.5 像素，效果如图 3-4-27 所示。

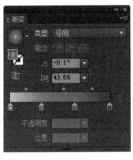 

图 3-4-27　填充渐变色和设置高斯模糊

4）选择文字"保卫萝卜 2"路径，分别将"保卫萝卜"填充白色，将"2"填充黄色 RGB（255，241，0），选择"效果"→"风格化"→"外发光"命令，在弹出的"外发光"对话框中设置外发光颜色为 RGB（26，39，73），效果如图 3-4-28 所示。使用画笔工具在"2"上画出白色高光，选择"效果"→"模糊"→"高斯模糊"命令，在弹出的"高斯模糊"对话框中设置半径为 3.4 像素，单击"确定"按钮，效果如图 3-4-29 所示。将文字移动到适合的位置，如图 3-4-30 所示。

图 3-4-28　填充颜色和设置外发光

图 3-4-29　画出白色高光　　　　　　　　　　　　图 3-4-30　将文字移动到适合的位置

5）选中文字下的飘带路径，设置渐变色，各参数依次为 RGB（225，147，33），RGB（232，146，19），RGB（243，231，39），RGB（232，146，19），RGB（238，176，51），描边颜色为无，如图 3-4-31 所示。

图 3-4-31　填充渐变色

6）选中飘带下半部分的路径，使用实时上色工具填充颜色为 RGB（215，95，40），选中填充的色块，按组合键 Ctrl+C 复制，按组合键 Ctrl+F 粘贴在上层，设置渐变颜色为由 RGB（127，28，30）至 RGB（239，177，52），效果如图 3-4-32 所示。

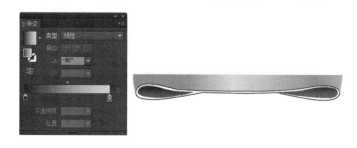

图 3-4-32　填充渐变色

7）选中飘带下半部分的路径，设置渐变色，各参数依次为 RGB（221，85，25），RGB（230，128，39），RGB（221，85，25），描边颜色为无。使用钢笔工具绘制图形，设置填充颜色为 RGB（245，168，32），描边颜色为无，效果如图 3-4-33 所示。

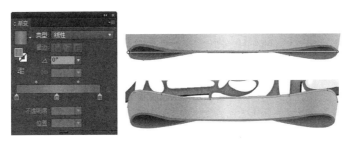

图 3-4-33　绘制图形并设置颜色

8）使用文字工具输入文字，设置填充颜色为白色，描边颜色为无，选择"对象"→"封套扭曲"→"用变形建立"命令，在弹出的"变形选项"对话框中设置相关参数，单击"确定"按钮，然后选择"对象"→"扩展"命令，参数保持默认，效果如图 3-4-34 所示。按组合键 Ctrl+C 复制，按组合键 Ctrl+B 将其粘贴在飘带后面，填充颜色为 RGB（152，59，35），选择"效果"→"模糊"→"高斯模糊"命令，在弹出的"高斯模糊"对话框中设置半径为 0.8 像素，按"→"方向键 2 次，按"↓"方向键 2 次，效果如图 3-4-35 所示。

图 3-4-34　输入文字并变形

图 3-4-35　复制文字

9）单击"图层"面板中"萝卜"图层中的眼睛图形，将萝卜图形显示出来，并调整到适当的位置，效果如图 3-4-36 所示。

图 3-4-36 显示"萝卜"图层并调整适当的位置

任务小结

本任务运用钢笔工具、渐变工具、网格工具、直接选择工具、实时上色工具、椭圆工具、文字工具、画笔工具等，并结合"路径查找器"面板，完成了小萝卜卡通形象的制作。

项 目 测 评

测评 3.1 "咕咚小子"卡通形象设计——三视图、表情包

设计要求

为一家专注于电子商务投资、开发、运营的互联网公司设计一个拟人化、形象可爱阳光的动物卡通形象——"咕咚小子"的三视图、6 种卡通形象基础表情和不同的衍生场景设计。

素材与效果图

素材	效果图	
	三视图	表情包
无	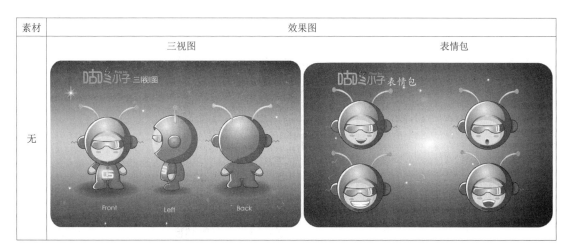	

测评 3.2 "咕咚小子"衍生形象——大侠变身设计

设计要求

现需要为某公司的客服智能机器人设计 4 种衍生形象，主题为"咕咚小子之大侠变身"，要求能够体现智能机器人的服务精神。

素材与效果图

素材	效果图
无	

项目 4

创意文本及版式设计

任务 4.1 联想式创意文本设计

▍岗位需求描述

父亲节到来之际,一家服装公司想要制作父亲节海报,要求整体风格抽象,结合简单图案、文字排版突出服装元素,既要表现父亲沉稳的性格特征,又不能使画面呆板。根据客户需求,选择节日礼帽与礼服蝴蝶结并配合手写字体表达对父亲的爱与祝福。海报制作尺寸为200mm×300mm,注意背景纹理与文字图案的主次关系。

▍设计理念思路

本任务的素材取自男士礼服并辅以手写文字,以庄严又略带俏皮的文字表达父亲节主题,以图案联想方式寓意节日祝福,同时加入了服装的元素,契合服装公司的商业元素,整个海报呈现人形,以表现父亲角色。

▍素材与效果图

素材	效果图
无	

岗位核心素养的技能技术需求

通过对客户需求的分析与理解，使用矩形工具、文字工具、钢笔工具等，并结合"路径查找器"面板来修改图形，以达到特殊效果。

任务实施

1. 制作背景

1）选择"文件"→"新建"命令，在弹出的"新建文档"对话框中设置参数，如图 4-1-1 所示，单击"确定"按钮。

2）新建一个与背景相同大小的矩形，填充灰色背景，并在其上复制一层，如图 4-1-2 所示。

制作联想式创意文本

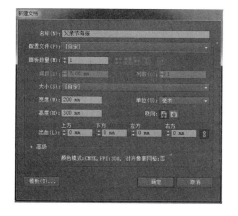

图 4-1-1　创建"父亲节海报"文档

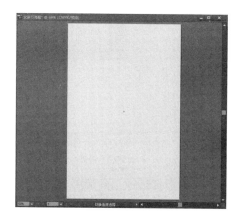

图 4-1-2　新建灰色背景

3）打开"色板"面板，单击"色板库"下拉按钮 ，在弹出的下拉列表中选择"图案"→"基本图形"→"基本图形_点"命令，打开"基本图形_点"面板，如图 4-1-3 所示。

4）选择复制的矩形，在"基本图形_点"面板中单击"10dpi 30%"图标 ，效果如图 4-1-4 所示。

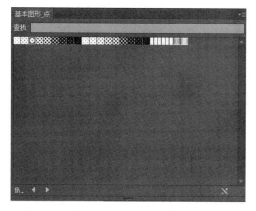

图 4-1-3　"基本图形_点"面板

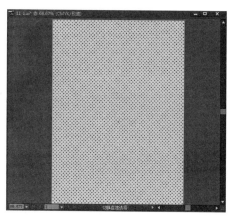

图 4-1-4　黑白波点图

5）选择"编辑"→"编辑颜色"→"反相颜色"命令，使黑色波点变为白色波点，如图 4-1-5 所示。

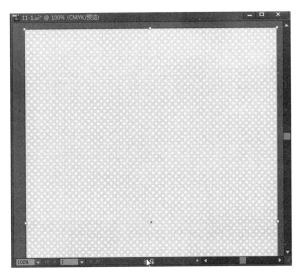

图 4-1-5　反相颜色

2. 绘制礼帽

1）绘制一个正圆，并填充黑色。
2）使用剪刀工具 ✂ 将圆形剪成两个半圆，保留上半圆，如图 4-1-6 所示。
3）使用直接选择工具调整半圆顶部贝塞尔曲线，得到图 4-1-7 所示图形。

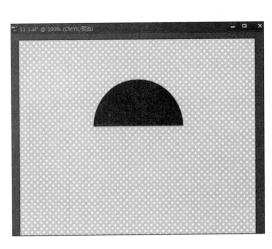

图 4-1-6　保留上半圆　　　　　　　　图 4-1-7　调整贝塞尔曲线

4）绘制两个椭圆，按图 4-1-8 所示方式叠放。
5）选中两个椭圆，打开"路径查找器"面板，如图 4-1-9 所示，单击"减去顶层"按钮，获得帽檐形状，并调整比例放置于帽顶下方，礼帽图形就绘制好了，如图 4-1-10 所示。

图 4-1-8　绘制并叠放两个椭圆　　图 4-1-9　"路径查找器"面板　　图 4-1-10　礼帽图形绘制完成

3. 制作文字

1）使用文字工具，将字体设置为 Eccentric Std，分行输入"HAPPY FATHER'S DAY"，段落选择居中对齐，颜色为墨绿色，如图 4-1-11 所示。

2）在文字属性栏中设置文字的描边粗细为 2pt，使文字显得有厚度，如图 4-1-12 所示。

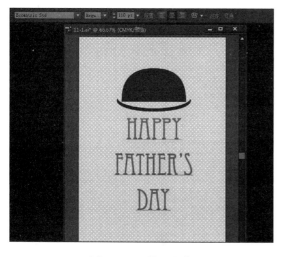

图 4-1-11　输入文字　　　　　　　　　图 4-1-12　添加描边

4. 制作蝴蝶结

1）使用钢笔工具绘制蝴蝶结的一边并填充红色，如图 4-1-13 所示

2）按住 Alt 键，同时按住鼠标左键拖动，复制图形，选择"对象"→"变换"→"对称"命令，弹出"镜像"对话框，参数设置如图 4-1-14 所示，得到蝴蝶结的另一半。

图 4-1-13　绘制蝴蝶结领

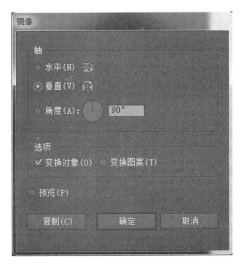

图 4-1-14　"镜像"对话框

3）绘制一个小矩形，将 3 个基本图形按照蝴蝶结组成进行拼合，如图 4-1-15 所示。

图 4-1-15　拼合蝴蝶结

4）绘制一个细长矩形，如图 4-1-16 所示。

5）按住 Alt 键，同时按住鼠标左键拖动，复制一个矩形，按组合键 Ctrl+D 批量等距复制，获得等距矩形阵列，如图 4-1-17 所示。

图 4-1-16　绘制细长矩形

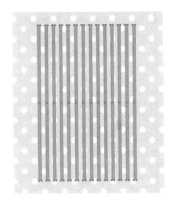

图 4-1-17　矩形阵列

6）将矩形阵列编组，并旋转放置于蝴蝶结上，如图 4-1-18 所示。

图 4-1-18　矩形阵列旋转

7）选中矩形阵列与蝴蝶结的一边，按组合键 Shift+Ctrl+F9 打开"路径查找器"面板，在形状模式下单击"减去顶层"按钮，得到蝴蝶结的纹路，如图 4-1-19 所示。

8）使用同样方法制作蝴蝶结另一边的纹路，如图 4-1-20 所示。

图 4-1-19　制作蝴蝶结一边的纹路

图 4-1-20　制作蝴蝶结另一边纹路

9）选中整个蝴蝶结，选择"效果"→"扭曲和变换"命令，弹出"扭转"对话框，设置旋转角度为9°，单击"确定"按钮，为蝴蝶结添加些许褶皱效果，如图4-1-21所示。

图 4-1-21 添加褶皱效果

10）保存文件，最终效果如图4-1-22所示。

图 4-1-22 "父亲节海报"的最终效果

任务小结

本任务运用矩形工具、文字工具、钢笔工具等，并结合"路径查找器"面板和排列命令，诠释了父亲的形象并突出了服装元素，既宣传了企业又烘托出节日的主题。

任务 4.2　对称式创意文本设计

岗位需求描述

元旦，即每年的第一天，是世界多数国家庆祝的节日。本任务为一家准备举办元旦派对的科技公司设计主题宣传海报，要求体现科技公司的科技感兼具时尚感，主题选用浅黄等颜色，突出科技公司的活力。制作尺寸为 300mm×300mm，主题文字为"2018 HAPPY NEW YEAR"，整体设计理念实现元素上下对称，同时又有些许变化。

设计理念思路

科技公司的新年派对要突出其科技氛围，本任务结合对称原理进行文本版式设计，特别是蓝色的设计与形式搭配，突出其科技感。对称式文本并非绝对一模一样，而是相对有类似规律可循，这样的设计具有视觉冲击力并且符合大众审美，给人一种干练之美。

素材与效果图

素材	效果图
无	

■岗位核心素养的技能技术需求

使用椭圆工具、旋转工具、矩形工具、文字工具等来进行设计。采用上下对称变体形式使主题文字突出显示，并且排列也有左右对称的美感，同时需掌握色彩的搭配运用。

任务实施

1. 制作背景

1）选择"文件"→"新建"命令，在弹出的"新建文档"对话框中设置画布大小为 300mm×300mm，单击"确定"按钮。

2）设置背景颜色为 CMYK（10，3，49，0），得到如图 4-2-1 所示的背景。

制作对称式创意文本

图 4-2-1　设置背景颜色

2. 制作图形元素

1）使用椭圆工具绘制一个正圆，将其调整到合适大小和位置，并填充红色，如图 4-2-2 所示。

2）使用旋转工具，按快捷键 R，同时按 Alt 键向下移动锚点（中心点）到合适的位置，如图 4-2-3 所示。

图 4-2-2　绘制正圆

图 4-2-3　移动锚点

3）选中该正圆，右击，在弹出的快捷菜单中选择"变换"→"旋转"命令，在弹出的"镜像"对话框中设置角度为-10°，单击"复制"按钮，得到图 4-2-4 所示图形。

4）重复按组合键 Ctrl+D 执行复制操作，得到图 4-2-5 所示图形。

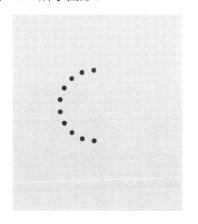

图 4-2-4 旋转复制正圆   图 4-2-5 重复复制

5）重复步骤 1）～步骤 4），获得如图 4-2-6 所示的图形。

图 4-2-6 得到半圆图案

6）绘制一个无填充无边框图形，如图 4-2-7 所示，同时选中下方所绘制的图形（背景除外），右击，在弹出的快捷菜单中选择"建立剪切蒙版"命令，得到如图 4-2-8 所示的图形。

7）使用相同的方法制作得到另一边图形，选中所有图形编组，如图 4-2-9 所示。

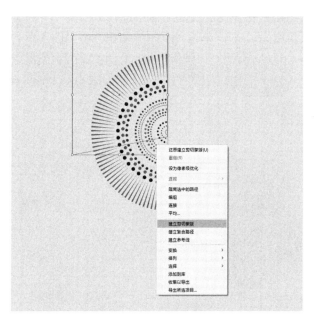

图 4-2-7　建立剪切蒙版

图 4-2-8　剪切蒙版效果　　　　　　　　　　图 4-2-9　制作另一侧图形

8）将点状图形编组复制并粘贴到画布中，使用旋转工具旋转 180°，得到如图 4-2-10 所示图形。

9）使用矩形工具绘制一个矩形，按组合键 Shift+F8，打开"变换"面板，设置倾斜角度为 5°，得到如图 4-2-11 所示的形状。

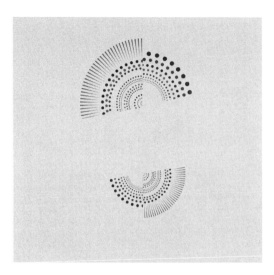

图 4-2-10　复制翻转图形

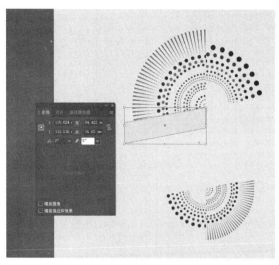

图 4-2-11　绘制色块

10）使用钢笔工具绘制简单蓝色四边形与红色多边形，得到完整标签纸形状，并使用文字工具输入"HAPPY"，字体选择微软雅黑，填充颜色为#0F0864，如图 4-2-12 所示。

图 4-2-12　输入"HAPPY"

11）复制标签图形，使用旋转工具旋转 180°，将末端红色改成#34B4E9，文字修改为"NEW YEAR"，将其放置到合适的位置，如图 4-2-13 所示。

图 4-2-13　对称文字

12）添加数字，完成效果如图 4-2-14 所示。

图 4-2-14　对称式创意文本完成效果

任务小结

　　本任务运用了旋转工具、椭圆工具、矩形工具，同时结合文字工具，添加现代科技感元素，使海报更具活力与吸引力。

任务 4.3　产品画册版式设计

■ 岗位需求描述

画册，是企业对外宣传自身文化、产品特点的广告媒介之一，是企业对外的名片。某家具厂推出一款浴室洗手台，需要制作产品画册进行宣传。要求版式现代化、简洁、有设计感，同时又能将产品细节和参数展示出来。设计尺寸为 300mm×200mm，使用骨骼型版式进行设计，追求简洁大方的同时要保证商品信息量。

■ 设计理念思路

产品画册一般是图文结合的二折页设计，折页设计有很多版式可以遵循，最常用的还是骨骼型版式，给人以严谨、和谐、理性的美，骨骼经过相互混合后的版式，既理性有条理，又活泼而具有弹性。本任务通过局部特写和文字搭配原则，以大图展示为主，突出展示家具实景效果。

■ 素材与效果图

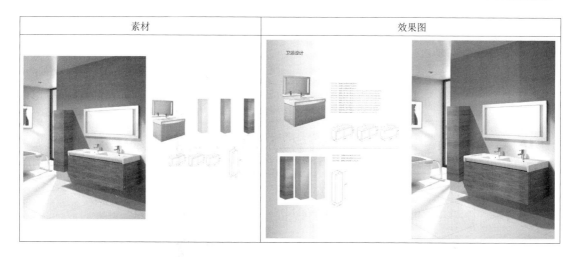

素材	效果图

■ 岗位核心素养的技能技术需求

熟练使用"对齐"面板、渐变工具，掌握骨骼型版式的技巧，了解该版式的特点与作用，增强整体效果。

任务实施

1. 新建文件

1）选择"文件"→"新建"命令，在弹出的"新建文档"对话框中设置画布大小为

300mm×200mm，单击"确定"按钮。

2）使用渐变工具填充线性渐变，将画布分成 150mm×200mm 的相等的两部分，如图 4-3-1 所示。

"产品画册版式设计"演示视频 　　　　　　　　　　图 4-3-1　渐变填充

2. 素材导入

1）选择"文件"→"置入"命令，弹出"置入"对话框，将素材"卫浴_大图.jpg"导入画布，调整大小，如图 4-3-2 所示。

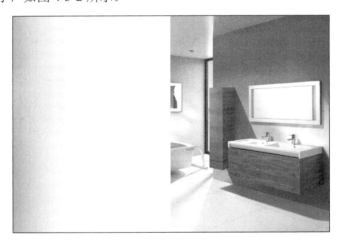

图 4-3-2　导入素材

2）按组合键 Ctrl+R 调出标尺工具，单击相应标尺将其拖入画布产生参考线，对左边版面以骨骼方式进行划分，如图 4-3-3 所示。

3）在左侧版面中心用直线段工具绘制一条直线，粗细为 0.25pt，颜色为灰色。导入素材"卫浴_渲染图.jpg"素材，放置在合适的位置，如图 4-3-4 所示。

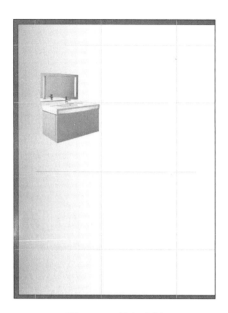

图 4-3-3　以骨骼方式划分画布　　　　　　　　图 4-3-4　导入素材

4）导入素材"面板 1.jpg""面板 2.jpg""面板 3.jpg"，并将其调整为一致大小，按组合键 Shift+F7，打开"对齐"面板，单击"垂直顶对齐"按钮▣，如图 4-3-5 所示。

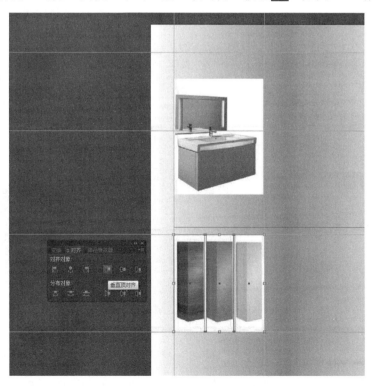

图 4-3-5　垂直顶对齐

5）导入素材"线框图 1"和"线框图 2"，调整大小，放置于合适的位置，如图 4-3-6 所示。

图 4-3-6　导入线框素材

6）添加相关说明文字，字体选择微软雅黑，完成效果如图 4-3-7 所示。

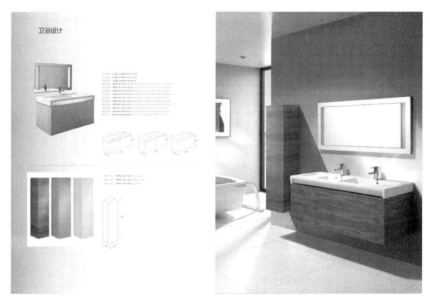

图 4-3-7　画册完成效果

任务小结

　　本任务运用"对齐"面板、渐变工具等，以骨骼型版式展示了企业产品，大图满版配合小图细节，简洁明了地阐述了商品特征。

任务 4.4 商业名片版式设计

■ 岗位需求描述

名片是个人或公司形象的代表，同时在社会各个阶层互相传播，对于名片的设计也是多种多样。现某设计公司需要制作一批商业名片，要求整体简洁大方，职位、联系方式等一目了然，同时具有现代感和商业风格，突出商业名片的稳重感。制作尺寸为 94mm×58mm，采用中轴型版式进行设计，以中点带动两边，以点带线，以线带面，突出整体商务感。

■ 设计理念思路

本任务是设计商业名片，以蓝黑色为主色调。设计简约，正面运用中轴型版式来突出重点，背面则用分栏模式有序展示详细信息，便于阅读。

■ 素材与效果图

素材	效果图
无	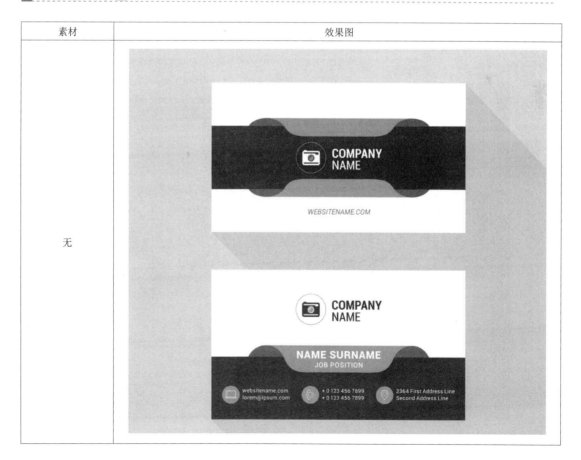

岗位核心素养的技能技术需求

掌握手绘造型工具的熟练操作，并利用文字排版对齐的方法来进行设计制作。

1. 新建文件

选择"文件"→"新建"命令，在弹出的"新建文档"对话框中设置画布大小为 94mm×58mm，单击"确定"按钮。

商业名片版式设计

> **提 示**
>
> 常用名片大小为中式标准名片，其尺寸为 90mm×54mm，加上出血位（上、下、左、右各 2mm），所以制作尺寸一般设定为 94mm×58mm。

2. 名片正面制作

1）按组合键 Ctrl+R 调出标尺工具，设置相关参考线，在水平中线处绘制一个矩形，填充黑灰色，如图 4-4-1 所示。

图 4-4-1　绘制矩形

2）绘制一个圆形，设置填充颜色为蓝色，并绘制一个矩形，设置填充颜色为紫色，按如图 4-4-2 所示的方式排列。

图 4-4-2　绘制图形并按顺序排列

3）选中圆形与矩形，按组合键 Ctrl+Shift+F9，打开"路径查找器"面板，单击"减去顶层"按钮，得到如图 4-4-3 所示的图形，并复制两层备用。

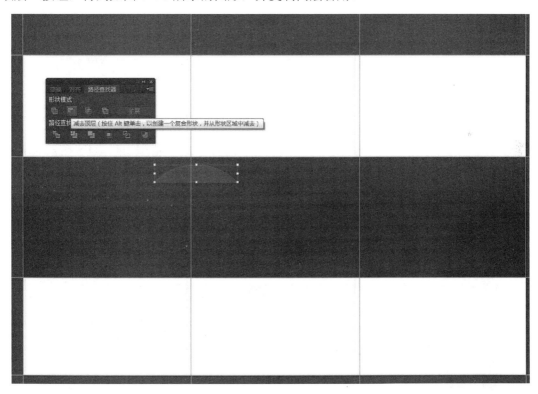

图 4-4-3　"路径查找器"面板

4）将两个弧形按照图 4-4-4 所示的方式摆放，并绘制一个矩形，使用直接选择工具调整锚点，形成如图 4-4-4 所示图形。

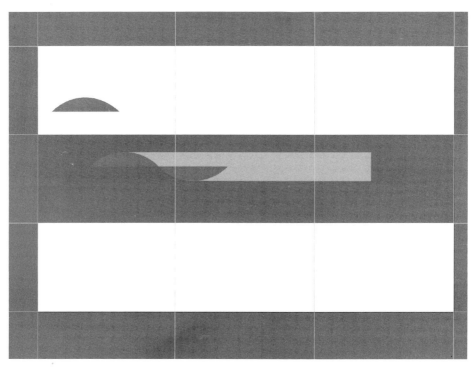

图 4-4-4　调整图形

5）选中变形后的矩形与最下方的弧形，按组合键 Ctrl+Shift+F9，打开"路径查找器"面板，单击"联集"按钮，将得到的图形颜色变换成#37ABE2，得到如图 4-4-5 所示的图形。

图 4-4-5　制作图形

6）复制步骤 5）得到的图形，选中该复制图形，右击，在弹出的快捷菜单中选择"变换"→"对称"命令，在弹出的"镜像"对话框中点选"垂直"单选按钮，单击"确定"按钮，如图 4-4-6 所示。

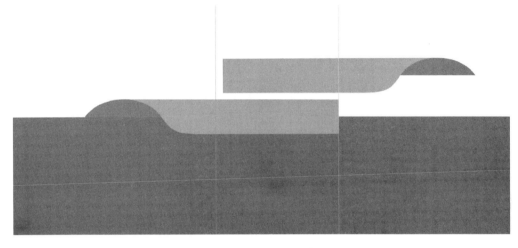

图 4-4-6　图形复制

7）选中这两个图形，按组合键 Shift+F7，打开"对齐"面板，单击"垂直顶对齐"按钮，得到如图 4-4-7 所示的图形。

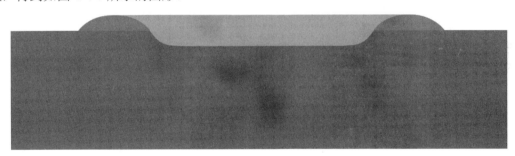

图 4-4-7　图形顶部对齐

8）复制步骤 7）中的蓝色条状图形，右击，在弹出的快捷菜单中选择"变换"→"对称"命令，弹出"镜像"对话框，点选"水平"单选按钮，单击"确定"按钮，如图 4-4-8 所示。

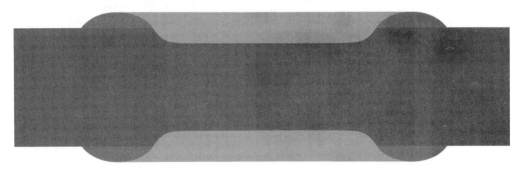

图 4-4-8　将蓝色条状图形复制并变换

9）导入图标素材或绘制相关图形，放置在中线位置，并使用文字工具输入公司名称与网址，效果如图 4-4-9 所示。至此，名片正面制作完成。

图 4-4-9　名片正面的完成效果

3. 名片背面制作

1）将名片正面组合并移动到一边，留出中心绘图位置，在原画布上绘制黑色矩形，如图 4-4-10 所示。

图 4-4-10　绘制矩形

2）将名片正面所做好的蓝色条状图形复制一个到背面，并放置到名片底部，如图 4-4-11 所示。

图 4-4-11　复制图形并调整位置

3）复制正面的公司名称与相机图标，将颜色改为黑灰色，并放置于名片中上方，如图 4-4-12 所示。

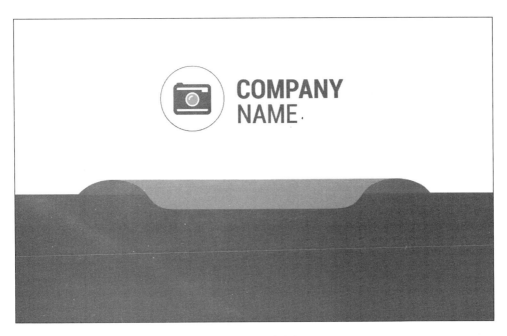

图 4-4-12　添加图形

4）使用文字工具输入姓名与工作岗位，字体为黑体，选择"文件"→"置入"命令，在弹出的"置入"对话框中选择"图标素材"，单击"置入"按钮。按组合键 Shift+F7，打开"对齐"面板，单击"水平左分布"按钮 ，如图 4-4-13 所示。

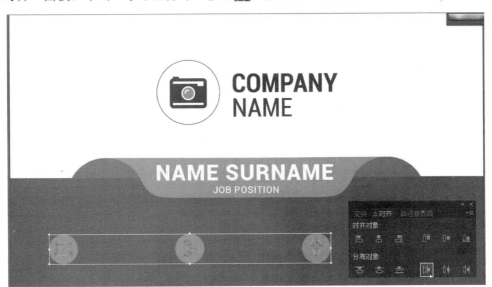

图 4-4-13　置入图标元素并水平左分布

5）根据不同图标，输入相应文字，如图 4-4-14 所示。至此，名片背面制作完成。

图 4-4-14　商业名片完成效果

任务小结

本任务运用矩形工具、文字工具、镜像工具，并结合"路径查找器"面板，制作复杂图形，同时利用蓝色与灰色搭配出商务风格，文字简洁，信息表达明确，具有现代气息。

任务 4.5　杂志目录版式设计

■ 岗位需求描述

杂志设计是平面设计师必经之路，其设计理念丰富超前，形式多种多样，仅目录的设计方式就分多种。某影视杂志需要出版一本介绍经典电影《罗马假日》的专题本，在杂志设计上需要设计一个具有年代感和时间感，同时能包含常用功能的目录。本任务采用时间轴式目录，设计尺寸为500mm×400mm，采用倾斜版式进行设计，以模拟时间轴的方式体现年代感。

■ 设计理念思路

杂志目录设计体现了杂志的风格，奠定了杂志风格基调。本任务设计倾斜型杂志目录，侧重于信息的表达和文字与图片的相互结合。使用倾斜型版式赋予了目录活力、动感，文字编排需对齐，以保持目录的统一性。

■素材与效果图

素材	效果图

■岗位核心素养的技能技术需求

掌握交错排列的方法，将三角元素依次拼合；掌握使用剪切蒙版适当添加图片信息，使图片与文字配合，体现时代感。

任务实施

1. 新建文档

选择"文件"→"新建"命令，弹出"新建文档"对话框，参数设置如图 4-5-1 所示。

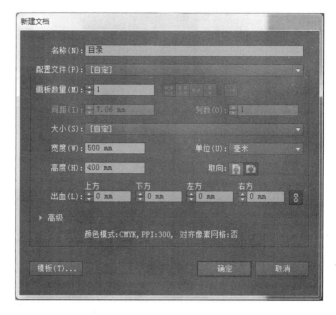

图 4-5-1　新建"目录"文档

杂志目录版式设计

2. 绘制三角形

1）使用矩形工具，按住 Shift 键，绘制一个正方形，如图 4-5-2 所示。

2）长按钢笔工具图标，选择删除锚点工具，删除矩形一个角上的点，得到一个等边直角三角形，如图 4-5-3 所示。

3）将三角形进行缩放、变形、旋转等操作，拼合成如图 4-5-4 所示的形状。

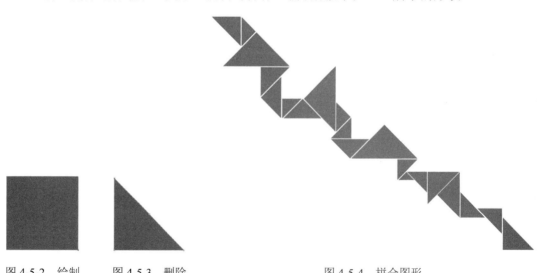

图 4-5-2　绘制
　　　　正方形

图 4-5-3　删除
　　　　锚点

图 4-5-4　拼合图形

3. 建立剪切蒙版

1）将素材图片导入画布，单击"嵌入"按钮，将图片嵌入软件，并调整其大小。

2）选择前 3 个需要建立剪切蒙版的三角形，右击，在弹出的快捷菜单中选择"建立复合路径"命令，将分散的路径整合为一个路径，如图 4-5-5 所示。

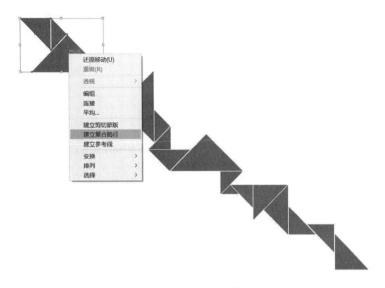

图 4-5-5　建立复合路径

3）选中素材 1 的图片与已建立复合路径的图形，右击，在弹出的快捷菜单中选择"建立剪切蒙版"命令（注意：路径需在图片上一层），将图片嵌入形状中，如图 4-5-6 和图 4-5-7 所示。

图 4-5-6　建立剪切蒙版

图 4-5-7　嵌入图片

4）根据步骤 1）～3）做法，将其他素材也嵌入相应三角形，同时将中间点缀的三角形添加径向渐变，效果如图 4-5-8 所示。

图 4-5-8　添加径向渐变

5）使用文字工具输入标题，参数设置如图 4-5-9 所示。

图 4-5-9　输入标题

6）将余下标题及内容添加到相应位置，参数设置如图 4-5-10 所示。

图 4-5-10　添加其他内容

7）使用旋转工具，按组合键 Ctrl+R，调整文字方向，在右上角添加"目录"二字，最终效果如图 4-5-11 所示。

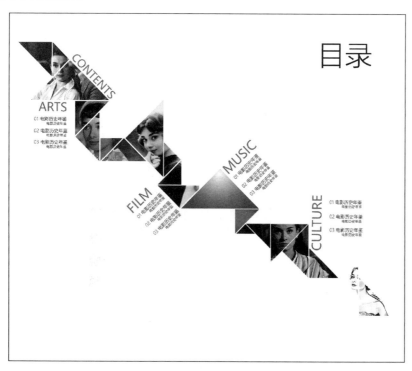

图 4-5-11　"目录"的最终效果

┌─**任务小结**─┐

本任务运用矩形工具、删除锚点工具及建立复合路径、建立剪切蒙版等操作，并结合渐变工具，设计了倾斜型目录。添加图文标注可突出时间轴的时代感。

项 目 测 评

测评 4.1 拟物主题创意文本设计

■**设计要求**

创意文本设计需要结合图形与文字等各种形式。现需要制作一个关于成功的插画小作品，表达成功的钥匙是由 3 种元素组成的，以图形为主要形式来进行表达。

■**素材与效果图**

素材	效果图
无	

测评 4.2 杂志展示版式设计

■**设计要求**

平面设计除了在视觉上给人一种美的享受，更重要的是向广大消费者传达一种信息、一种理念。现某杂志要展示一款球衣，需重点展示商品整体效果，并突出其设计风格。

素材与效果图

素材	效果图
无	

项目 5

创意标志设计

掌握 Illustrator CS6 软件基本工具的使用方法，了解色彩的搭配使用，掌握利用 Illustrator CS6 软件进行标志绘画与制作的方法。

了解标志的含义及应用范围，分析标志设计的工作流程。

掌握 Illustrator CS6 软件中矩形工具、椭圆工具、钢笔工具、文字工具、画笔工具、渐变工具的使用方法，并结合旋转、对称、描边、变换、路径偏移等命令，进行标志的创作。要求设计者有较强的美术功底，能够根据不同的市场需求，设计不同风格的标志。

任务 5.1　通信类——中国联通标志设计

岗位需求描述

中国联通的标志是由中国古代吉祥图形"盘长"纹样演变而来的。标志造型中有两个明显的上下相连的"心",代表与用户心连心。红色双"i"是点睛之笔,发音同"爱",延伸"心心相连,息息相通"的品牌理念。

设计理念思路

以一个大众熟悉的"中国结"标志为例,结合中国文化,完成标志的设计。

素材与效果图

素材	效果图
无	

岗位核心素养的技能技术需求

基本图形的变形、上色及文字的综合应用,采用字形、字体颜色及图案设计来表现,主要使用矩形工具、文字工具、移动命令和图形轮廓的描边来实现。

任务实施

1)启动 Illustrator CS6 软件,使用矩形工具绘制一个边长为 20mm 的正方形。选中所绘制的正方形,选择"对象"→"变换"→"移动"命令,弹出"移动"对话框,参数设置如图 5-1-1 所示,单击"复制"按钮。按组合键 Ctrl+D 得到如图 5-1-2 所示的效果。

制作联通标志

图 5-1-1　移动复制正方形参数设置

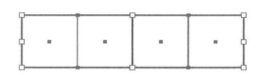

图 5-1-2　复制正方形效果

2）选中完成的 4 个正方形，选择"对象"→"变换"→"移动"命令，弹出"移动"对话框，参数设置如图 5-1-3 所示，单击"复制"按钮。按组合键 Ctrl+D 得到如图 5-1-4 所示的效果。

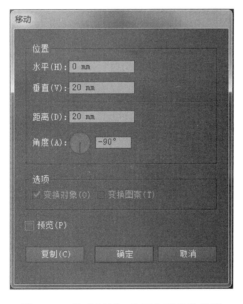

图 5-1-3　移动复制 4 个正方形参数设置

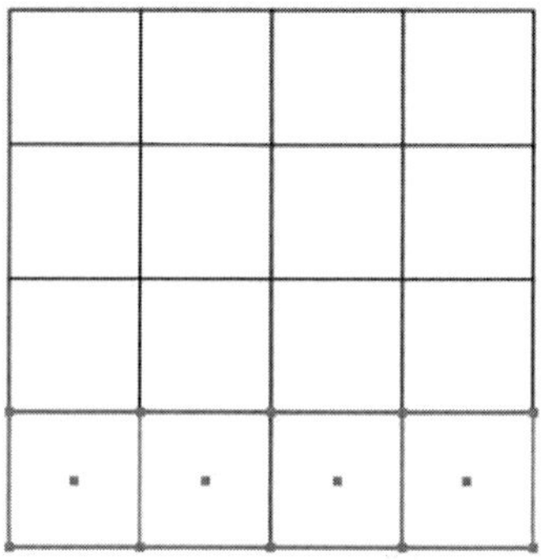

图 5-1-4　复制效果

3）删除部分小正方形，得到图 5-1-5 所示图形。

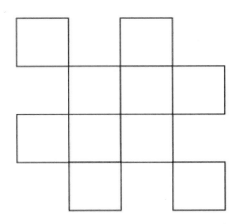

图 5-1-5　删除部分小正方形

4）选中全部对象，使用混合工具 ，打开"路径查找器"面板，单击"轮廓"按钮 。

5）使用画笔工具进行描边，设置描边颜色为蓝色，描边粗细为 30pt，效果如图 5-1-6 所示。将其向左旋转 45°，效果如图 5-1-7 所示。

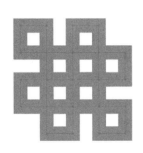

图 5-1-6　描边

图 5-1-7　旋转 45°效果

6）选中旋转后的图形，选择"效果"→"风格化"→"圆角"命令，弹出"圆角"对话框，将圆角半径设置为 20mm，如图 5-1-8 所示，最终效果如图 5-1-9 所示。

图 5-1-8　设置框线圆角

图 5-1-9　最终效果

7）将图形中的框线颜色改为 RGB（230，30，25），效果如图 5-1-10 所示，使用橡皮擦工具  擦去相应部分得到如图 5-1-11 所示的效果。

图 5-1-10　修改框线颜色　　　　　　　　图 5-1-11　擦去相应部分框线

8）使用文字工具在合适位置输入"China"，字体为 Arial，并将其调整为合适大小，将字母"i"的填充颜色改为红色，效果如图 5-1-12 所示。

图 5-1-12　输入"China"

9）使用相同的方法输入"unicom"，并将字母"i"的填充颜色改为红色，字体为 Arial，继续输入"中国联通"，并将其调整为合适大小，最终效果如图 5-1-13 所示。

图 5-1-13　最终效果

任务小结

本任务运用矩形工具、混合工具、橡皮擦工具、画笔工具、文字工具等，并结合描边、风格化等方法，完成了标志的制作。

任务 5.2　能源类——清洁能源协会标志设计

岗位需求描述

清洁能源分为狭义和广义两个概念。狭义的清洁能源是指可再生能源，如水能、生物能、太阳能、风能、地热能和海洋能。这些能源消耗之后可以恢复补充，很少产生污染。广义的清洁能源是指在能源的生产及消费过程中，选用的对生态环境低污染或无污染的能源，如天然气、清洁煤和核能等。清洁能源也称为绿色能源，所以标志的主色调以绿色为主，契合主题，让人印象深刻。

设计理念思路

结合主题，选用绿色和黄色的环形渐变叠加组合进行标志的创意设计，在环形的切割及颜色搭配上进行细节处理，达到视觉效果的融合。

素材与效果图

素材	效果图
无	 **Clean Energy Council**

岗位核心素养的技能技术需求

利用椭圆将圆环切割成不同形状的环形，填充渐变色，形成立体感。本任务主要使用椭圆工具、钢笔工具、渐变工具、文字工具等。

任务实施

1）启动 Illustrator CS6 软件，按组合键 Ctrl+N，弹出"新建文档"对话框，参数设置如图 5-2-1 所示，单击"确定"按钮。

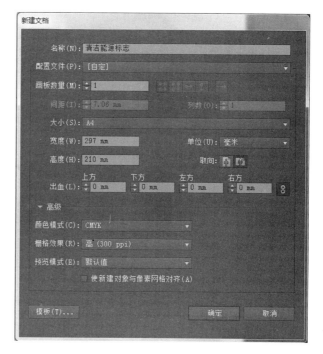

制作"清洁能源协会"标志

图 5-2-1　创建"清洁能源标志"文档

2）设置填充颜色为无，描边颜色为#8EC31E，描边粗细为 50pt，使用椭圆工具，按住 Shift 键在视图中绘制绿色圆环，如图 5-2-2 所示。

3）使用选择工具在视图中选择圆环，然后选择"对象"→"扩展"命令，弹出"扩展"对话框，扩展的参数及效果如图 5-2-3 所示。

图 5-2-2　绘制圆环

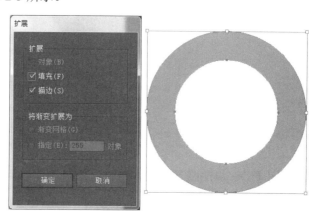

图 5-2-3　圆环扩展

4）使用椭圆工具，设置填充颜色为无，描边粗细为 1pt，描边颜色选择 4 种不同的颜色（颜色对比明显，利于分割），在圆环上分别绘制 4 个圆环，效果如图 5-2-4 所示。

5）使用钢笔工具，将光标移动到红色圆左侧路径上，当光标右下角出现"＋"时单击，在单击的位置添加一个锚点。使用同样的方法在红色圆环右侧添加一个锚点，如图 5-2-5 所示。

图 5-2-4　绘制分割用的圆形　　　　　　　　　　图 5-2-5　确定分割锚点

6）使用直接选择工具选中位于红色圆环下方的锚点，如图 5-2-6 所示，按 Delete 键将其删除。使用同样的方法删除其他多余的锚点，留下步骤 5）中两个锚点上方的圆环段，如图 5-2-7 所示（为了方便选中红色圆环上的锚点，可在图层面板将另外 3 个圆环隐藏）。

图 5-2-6　删除其他多余的锚点　　　　　　　　　图 5-2-7　保留的圆环段

7）使用相同的方法进行其他 3 个圆环的锚点的添加和删除，最后得到的效果如图 5-2-8 所示。

图 5-2-8　保留的全部圆环段

8）使用选择工具选中所有的线段及圆环，选择"窗口"→"路径查找器"命令，打开"路径查找器"面板，单击"分割"按钮，接着在图形上右击，在弹出的快捷菜单中选择"取消编组"命令，将这个圆环沿着线段分割成图 5-2-9 所示的 4 个部分。

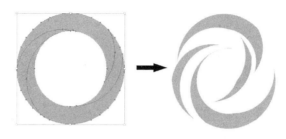

图 5-2-9　分割圆环

9）选中图 5-2-10 所示的选区，使用渐变工具填充绿（#1E7B3A）、青（#86C028）、黄（#AFD033）、青（#86C028）、绿（#1E7B3A）线性渐变。

10）使用相同的方法对其余 3 部分进行渐变填充，效果如图 5-2-11 所示。

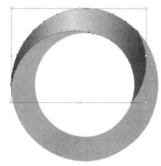

图 5-2-10　为选区添加渐变色　　　　　　　　　　图 5-2-11　添加完整渐变色

11）使用文字工具添加文字"Clean Energy Council"，设置字体为 Poplar Std Black，颜色为#46585C，最终效果如图 5-2-12 所示。

图 5-2-12　清洁能源协会标志的最终效果

·任务小结·

本任务运用椭圆工具、钢笔工具等，并结合渐变的色彩搭配等方法，完成标志的制作。

任务 5.3 网站类——麦道在线标志设计

■ 岗位需求描述

创意的想法，恰当的艺术表现形式和简练、概括的表现手法，使标志具有高度整体美感、展现最佳视觉效果，是标志设计者的追求。本任务采用图文结合的方法设计现代简约图形标志，并结合透明图标元素，突显其现代感。

■ 设计理念思路

本任务的图标设计只用了橙色和蓝色，对比强烈而集中，通过透明色和阴影的运用，丰富图标的现代感和立体感。

■ 素材与效果图

素材	效果图
无	

■ 岗位核心素养的技能技术需求

掌握基本图形的缩放、上色、位置的调整及文字效果的综合应用，通过图形的颜色、透明度及文字的字体和颜色来表现标志的立体感，主要使用矩形工具、渐变工具、钢笔工具、"透明度"面板、文字工具等来进行设计。

·任务实施·

1）启动 Illustrator CS6 软件，新建文件，使用矩形工具同时按住 Shift 键绘制一个正方形，设置描边颜色为无，如图 5-3-1 所示。

制作"麦道在线"标志　　　　　　　　　　图 5-3-1　绘制无边框正方形

2）选中所绘制的正方形，选择"对象"→"变换"→"缩放"命令，弹出"比例缩放"对话框，设置缩放比例为 50%，如图 5-3-2 所示，单击"复制"按钮，并将其改为其他颜色。

3）选中两个正方形，单击"对齐"面板中的"水平左对齐"按钮 ▤ 和"垂直顶对齐"按钮，效果如图 5-3-3 所示。

图 5-3-2　缩放 50% 设置　　　　　　　图 5-3-3　水平左对齐和垂直顶对齐后效果

4）保持两个正方形处于选中状态，选择"对象"→"变换"→"旋转"命令，弹出"旋转"对话框，将图形向左旋转 45°，效果如图 5-3-4 所示。

5）仍保持两个正方形处于选中状态，单击"路径查找器"面板中的"分割"按钮，在图形上右击，在弹出的快捷菜单中选择"取消编组"命令，再选中小正方形并将其移开，删除残留的线条，效果如图 5-3-5 所示。

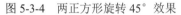

图 5-3-4 两正方形旋转 45°效果   图 5-3-5 分割并移开后的两正方形

6）选中小正方形，选择"对象"→"变换"→"缩放"命令，在弹出"比例缩放"对话框中设置缩放比例为 110%，单击"复制"按钮，并将复制所得正方形填充另一种颜色，右击，在弹出的快捷菜单中选择"排列"→"置于底层"命令。选中复制前后的两个正方形，单击"对齐"面板中的"水平右对齐"按钮，即为小正方形添加部分边框，效果如图 5-3-6 所示。

7）保持缩放前后的两个正方形均被选中，单击"路径查找器"面板中的"分割"按钮，在图形上右击，在弹出的快捷菜单中选择"取消编组"命令，再选中小正方形并将其移开，删除残留的线条，效果如图 5-3-7 所示。

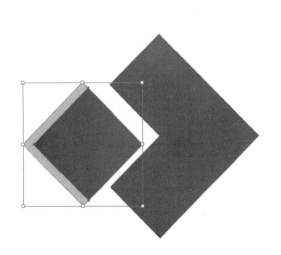

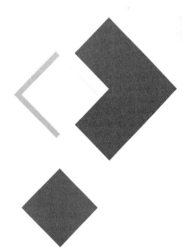

图 5-3-6 为小正方形添加部分边框   图 5-3-7 取消编组并移开小正方形

8）选中裁出小正方形后余下的部分，如图 5-3-8 所示，选择"对象"→"变换"→"移动"命令，弹出"移动"对话框，参数设置如图 5-3-9 所示，单击"复制"按钮。

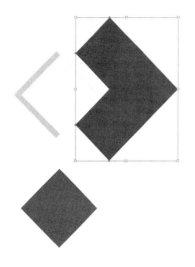

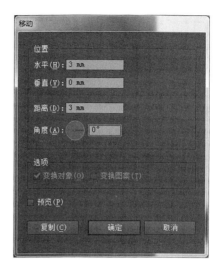

图 5-3-8　选中裁出小正方形后的部分　　　　图 5-3-9　"移动"对话框参数设置

9）将复制所得图形的颜色改为淡蓝色，在复制所得图形上右击，在弹出的快捷菜单中选择"排列"→"置于底层"命令，效果如图 5-3-10 所示。

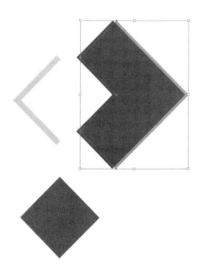

图 5-3-10　更改复制所得图形的颜色及层序

10）选中复制前后的两个图形，单击"路径查找器"面板中的"分割"按钮，右击，在弹出的快捷菜单中选择"取消编组"命令，再选中中间图形并将其移开。

11）选中内侧边线，如图 5-3-11 所示，使用剪刀工具将下面的边线剪去，效果如图 5-3-12 所示。

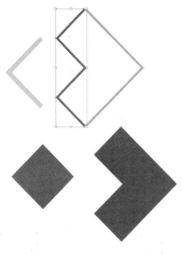

图 5-3-11　选中内侧边线　　　　　　　　图 5-3-12　剪去部分边线

12）将残留的边线删除，效果如图 5-3-13 所示。

13）选中内侧边线，填充由浅到深的蓝色渐变，如图 5-3-14 所示。

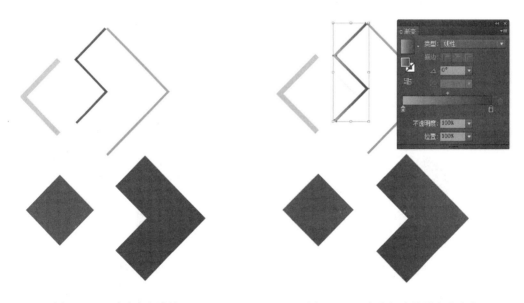

图 5-3-13　删除残留边线　　　　　　　　图 5-3-14　为内侧边线填充渐变色

14）选中外侧边线，填充浅灰色，效果如图 5-3-15 所示。

15）将移开的中间图形移回原处，并使用渐变工具填充由浅到深的蓝色渐变，渐变角度设置为-90°，如图 5-3-16 所示。

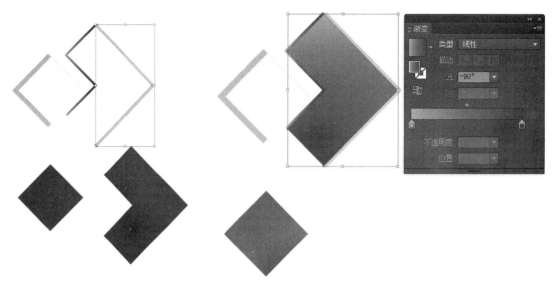

图 5-3-15　填充外侧边线　　　　　　　　图 5-3-16　为中间图形填充渐变色

16）选中正方形的外侧边线，填充由浅黄到橙的渐变色，效果如图 5-3-17 所示。将移开的小正方形移回原处，为其填充由黄到橙的渐变色，效果如图 5-3-18 所示。

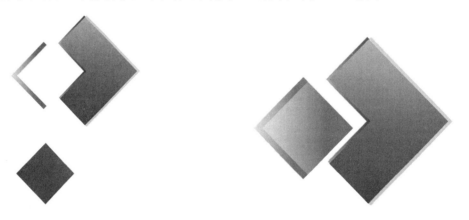

图 5-3-17　为小正方形的外边框填充渐变色　　　　图 5-3-18　为小正方形填充渐变色

17）将小正方形的外框和内部缩放到合适大小，并移动到合适位置，效果如图 5-3-19 所示。

18）使用钢笔工具在图标的合适位置绘制两条曲线，如图 5-3-20 所示，钢笔工具设置为无填充，黑色边框。

19）将绘制的曲线及图标全部选中，单击"路径查找器"面板中的"分割"按钮，右击，在弹出的快捷菜单中选择"取消编组"命令，得到图 5-3-21 所示效果。

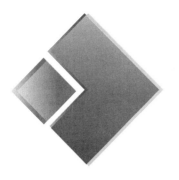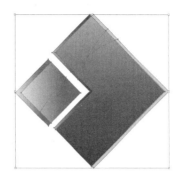

图 5-3-19　缩放并移动小正方形　　图 5-3-20　绘制两条曲线　　图 5-3-21　分割并取消编组后
　　　　　 及其外框到合适位置　　　　　　　　　　　　　　　　　　　　　　效果

　　20）选中如图 5-3-22 所示的区域，在"透明度"面板中将其透明度修改为 60%，效果
如图 5-3-23 所示。

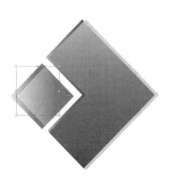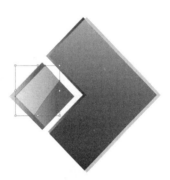

图 5-3-22　选中部分区域　　　　　　　　图 5-3-23　修改选区透明度

　　21）使用相同的方法设置其他区域的透明度，效果如图 5-3-24 所示。

　　22）选中全部图标区域，选择"对象"→"变换"→"对称"命令，弹出"镜像"对
话框，点选"水平"单选按钮，单击"复制"按钮，将复制所得图形移到原图正下方，如
图 5-3-25 所示。

图 5-3-24　设置其他区域的透明度　　　　图 5-3-25　对称复制图形并移到原图下方

23）使用矩形工具在复制的图标上绘制一个矩形，并设置描边颜色为无，填充由白到黑的渐变色，如图 5-3-26 所示。

图 5-3-26　绘制矩形并填充渐变色

24）选中绘制的矩形及其覆盖的图标，单击"透明度"面板中右侧的下拉按钮 ，在打开的下拉列表中选择"建立不透明蒙版"选项，如图 5-3-27 所示，效果如图 5-3-28 所示。

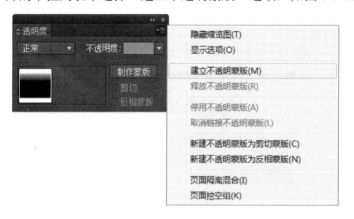

图 5-3-27　建立不透明蒙版　　　　　　　图 5-3-28　建立不透明蒙版效果

25）使用文字工具，设置字体为华文细黑，字号为 65pt，在合适位置输入"麦道在线"；修改字体为 Candara，字号为 40pt，在合适位置输入"Manadao Online"，如图 5-3-29 所示。

26）选中文字，打开"外观"面板，单击"添加新填色"按钮 ，将英文字符的填充和描边均设为由浅到深的渐变蓝色，最终效果如图 5-3-30 所示。

图 5-3-29 输入文字

图 5-3-30 麦道在线标志的最终效果

任务小结

本任务运用矩形工具、渐变工具、"透明度"面板、钢笔工具、文字工具等，并结合旋转、对称、移动等方法，完成了标志的制作。

任务 5.4 教育类——友学教育标志设计

■岗位需求描述

教育是一种人类道德、科学、技术、知识储备、精神境界的传承和提升行为，也是人类文明的传递。本任务设计友学教育的标志，要求造型充满趣味和文化信息。

■设计理念思路

本任务的标志设计充满趣味和文化气息，使博士的形象深入人心，给人一种强烈的视觉感，炯炯有神的目光象征了教育永不言败的斗志，以 3 个卡通形象代表了友学教育的群体性。

■素材与效果图

素材	效果图
无	友学教育 YOU STUDY

岗位核心素养的技能技术需求

了解利用"路径查找器"面板中的"合并""分割"按钮填充渐变颜色的方法；掌握椭圆工具、钢笔工具、渐变工具、文字工具等的使用方法。

任务实施

1）启动 Illustrator CS6 软件，按组合键 Ctrl+N，弹出"新建文档"对话框，参数设置如图 5-4-1 所示，单击"确定"按钮。

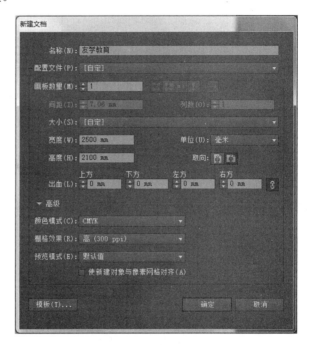

制作"友学教育"标志

图 5-4-1 创建"友学教育"文档

2）使用椭圆工具绘制椭圆，设置填充颜色为绿色（#8EC31E），无描边效果。使用钢笔工具添加锚点，使用直接选择工具拖动中间锚点，使用钢笔工具继续添加锚点（左下角弧形上），使用直接选择工具拖动相关锚点的手柄，效果如图 5-4-2 所示。

图 5-4-2 绘制椭圆

3）选中当前图形，选择"对象"→"路径"→"偏移路径"命令，弹出"偏移路径"对话框，参数设置如图 5-4-3 所示，并设置底层填充颜色为深绿色（#006834）。使用钢笔工具绘制博士帽，填充深绿色（#006834），效果如图 5-4-4 所示。

4）使用钢笔工具绘制如图 5-4-5 所示的路径。

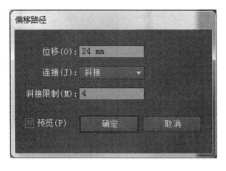

图 5-4-3 偏移路径参数设置　　　图 5-4-4 绘制博士帽　　图 5-4-5 绘制路径

5）选中博士帽和深绿色背景，单击"路径查找器"面板中的"合并"按钮 ，将它们合并成一个路径；选中青绿色前景，右击，在弹出的快捷菜单中选择"排列"→"置于顶层"命令；同时选中合并的路径及红色路径，单击"路径查找器"面板中的"分割"按钮，效果如图 5-4-6 所示。

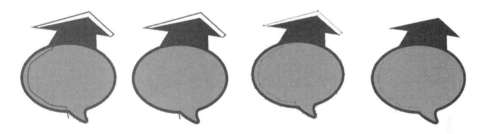

图 5-4-6 分割路径

6）选中左边的路径，使用渐变工具添加如图 5-4-7 所示的线性渐变。

图 5-4-7 填充左边路径线性渐变

7）选中右边的路径，添加如图 5-4-8 所示的线性渐变。

8）选中椭圆部分，设置如图 5-4-9 所示的线性渐变。

图 5-4-8　填充右边路径线性渐变　　　　　　图 5-4-9　填充椭圆部分线性渐变

9）制作弧形渐变，复制"前景"图层，设置填充颜色为无，描边粗细为 40pt；使用钢笔工具在右上角的红色圆环处添加一个锚点，并使用直接选择工具，同时按 Delete 键进行线段的删除；将圆环适当等比例缩小，并填充渐变色，最后效果如图 5-4-10 所示。

图 5-4-10　制作弧形渐变

10）使用椭圆工具、钢笔工具、直接选择工具制作如图 5-4-11 所示的面部图形，并填充眼眶颜色为#006834、眼珠颜色为#009139 的效果。

11）使用钢笔工具制作如图 5-4-12 所示的博士帽的流苏（#016D40），并添加投影（#8BBA42）。

12）复制图形，制作蓝色和橙色卡通博士，并使用文字工具添加文字，最终效果如图 5-4-13 所示。

图 5-4-11　绘制眼睛嘴巴　　　　图 5-4-12　绘制流苏　　　　图 5-4-13　友学教育标志的最终效果

任务小结

本任务运用椭圆工具、钢笔工具等，并结合渐变的色彩搭配等方法，完成了标志的制作。

任务 5.5　植物造型类——健康好果蔬标志设计

▌岗位需求描述

植物在日常生活中有不可替代的作用，可以调节心情、净化空气、保护眼睛、陶冶情操，植物一直在默默地改善和美化着人类的生活环境。本任务设计的是一个以水果为主题的图文结合的标志，是一种具象标志的表现形式。本任务以苹果为视觉中心。

▌设计理念思路

本任务的标志设计对文字及手绘水果进行组合，其中突出手绘苹果造型的设计与制作，加上文字色彩搭配，彰显"健康好果蔬"的设计理念。

▌素材与效果图

素材	效果图
无	

▌岗位核心素养的技能技术需求

掌握图形与文字的综合应用，合理搭配手绘图形与处理后的文字，通过设计背景、图形及文字的颜色来表现标志的特点。

任务实施

1）启动 Illustrator CS6 软件，新建一个 21cm×21cm 的文件，使用文字工具输入"健康好果蔬"，字体大小为 100pt，字体为幼圆。在文字上右击，在弹出的快捷菜单中选择"创建轮廓"命令，如图 5-5-1 所示。

制作"健康好果蔬"标志

图 5-5-1 为文字创建轮廓

2）选择"对象"→"路径"→"偏移路径"命令，弹出"偏移路径"对话框，参数设置如图 5-5-2 所示，单击"确定"按钮，效果如图 5-5-3 所示。

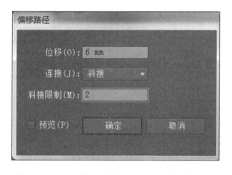

图 5-5-2 "偏移路径"对话框参数设置

图 5-5-3 设置偏移路径后的文字轮廓

3）选中全部文字，设置填充颜色为 RGB（30，157，57），效果如图 5-5-4 所示。

图 5-5-4 文字轮廓填充颜色

4）使用文字工具输入"健康好果蔬"，设置字体为黑体，字体大小为 100pt，将其移动到文字轮廓中，如图 5-5-5 所示。

图 5-5-5 输入文字并移动到文字轮廓中

5）将"健康"和"果蔬"4 个字填充为黄色 RGB（240，231，41），将"好"字填充为白色，最终效果如图 5-5-6 所示。

图 5-5-6   更改文字颜色

6）使用椭圆工具绘制一个椭圆，设置填充颜色为 RGB（30，157，57），效果如图 5-5-7 所示。

图 5-5-7   绘制椭圆并填充颜色

7）复制椭圆，选择"对象"→"变换"→"缩放"命令，在弹出的"比例缩放"对话框中设置垂直为 105%，水平为 100%，填充白色后将其置于底层，并进行适当的移动，如图 5-5-8 所示。

图 5-5-8   增加椭圆白边

8）复制所得的白色椭圆，选择"对象"→"变换"→"缩放"命令，在弹出的"比例缩放"对话框中设置垂直为 105%，水平为 100%，填充黄色后将其置于底层，并进行适当的移动，如图 5-5-9 所示。

9）复制所得的绿色椭圆，使用路径文字工具以复制的椭圆为路径输入"Healthy Fruit and Vegetables"，字体设置为 Arial、28pt、黄色，如图 5-5-10 所示。

图 5-5-9　增加椭圆黄边

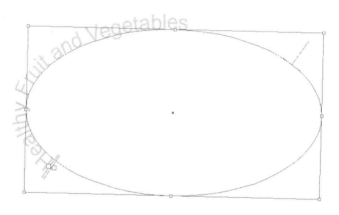

图 5-5-10　添加路径文字

10）移动路径文字移动点，将文字置于圈内，并移至绿色椭圆内的合适位置，如图 5-5-11 所示。

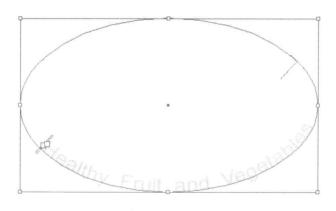

图 5-5-11　移动路径文字移动点

11）将全部内容选中，复制并移动到空白处，单击"路径查找器"面板中的"联集"按钮，效果如图 5-5-12 所示。

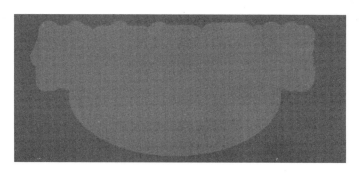

图 5-5-12 全部对象联集

12）为联集后的图形设置粗细为 5pt 的白色描边，并将其移动到黄边椭圆的合适位置，置于最底层，效果如图 5-5-13 所示。

图 5-5-13 整体描白边并移动到合适位置

13）使用钢笔工具绘制苹果，并使用渐变工具填充由 CMYK（13，79，96，0）到 CMYK（10，54，91，0）的径向渐变色，如图 5-5-14 所示，复制一个苹果，并填充由 CMYK（11，0，45，0）到 CMYK（31，0，85，0）另一径向渐变色，用画笔工具在绘制的苹果上绘制出白色部分，并调整其大小和位置，效果如图 5-5-15 所示。

图 5-5-14 绘制苹果

图 5-5-15 苹果复制及美化

14）使用钢笔工具绘制果蒂形状，设置填充颜色为 RGB（128，169，41），复制一个果蒂，设置填充颜色为 RGB（206，41，26），调整为合适大小并移动到相应位置，如图 5-5-16 所示。

15）使用钢笔工具绘制出叶子的形状，填充由 CMYK（72，2，100，0）到 CMYK（58，0，98，0）的线性渐变色，并移动到合适位置，如图 5-5-17 所示。

图 5-5-16 苹果蒂制作　　　　　　　　　　图 5-5-17 果叶绘制

16）选中苹果及叶子部分，复制并移动到另一位置，单击"路径查找器"面板中的"联集"按钮，如图 5-5-18 所示，设置粗细为 4pt 的白色描边。

17）将描边后的图形移动到原图位置，按组合键 Ctrl+[将其后移，效果如图 5-5-19 所示。

图 5-5-18 联集苹果及叶子部分　　　　　　图 5-5-19 描边组合

18）使用钢笔工具绘制苹果上方水滴的形状，填充由 CMYK（9，12，74，0）到 CMYK（9，96，100，0）的渐变色，并移动到合适位置，如图 5-5-20 所示。

19）复制两个水滴，调整其大小及位置，设置中间水滴的填充颜色为 RGB（244，199，28），右边水滴填充由白色到 CMYK（49，0，95，0）的渐变色，并将 3 个图形均设置粗细为 3pt 的白色描边，如图 5-5-21 所示。

图 5-5-20 水滴形状制作　　　　　　　　　图 5-5-21 复制及描白边

20）使用矩形工具绘制一个矩形，填充由 CMYK（39，0，82，0）到 CMYK（13，0，33，0）的径向渐变色，并将其置于最底层，最终效果如图 5-5-22 所示。

图 5-5-22 植物造型标志的最终效果

任务小结

本任务运用文字工具、椭圆工具、钢笔工具、渐变工具、画笔工具等，并结合描边、变换、路径偏移等方法，完成了创意标志的制作。

项 目 测 评

测评 5.1 宝安商业广场标志设计

设计要求

洪湖宝安商业广场位于洪湖市繁华的商业地段——宏伟南路中段，项目定位于集购物、娱乐、休闲、餐饮为一体的综合性一站式购物广场。本任务以"宝安商业广场"为主题来设计标志，标志要突出商场丰富多彩、五光十色的特点。

素材与效果图

素材	效果图
无	BAOAN PLAZA 宝安商业广场

测评 5.2 音乐电视标志设计

■设计要求

音乐电视又称为 MTV，是指以音乐为听觉表现形式、以活动画面为视觉表现形式，声画相辅相成的一种艺术作品。本任务以"水滴"为造型来完成音乐电视标志的制作。

■素材与效果图

素材	效果图
无	

项目 6

艺术节开幕式企划与广告设计

学习目标

本项目是针对某市举办的文化产业博览交易会（以下简称"文博会"）的某国际婚俗文化艺术节进行的整体广告设计。学习有关本次活动的项目分析、策划思路的整理，开幕式活动宣传资料的设计思路与制作流程。围绕本次开幕式活动，学习如何确定活动的主视觉图案、标志文字、标准色、辅助图形等基础元素，然后通过 Illustrator CS6 软件利用这些基础元素进行整体的广告设计。

知识准备

学习项目整体广告设计与制作的流程：①项目分析；②项目构思；③项目主题定位；④项目主视觉；⑤项目分项设计。针对整个开幕式流程，所有设计分为 3 个部分：①视觉设计；②现场布置所需的宣传项（室内展板、吊旗等）；③活动执行的各项宣传资料（邀请函、嘉宾证等）。

了解路牌广告、室内展板、邀请函等设计的概念、特点、意义等，分析本次活动的特点、创意思路，制订设计方案，收集整理设计素材等。

项目核心素养基本需求

掌握 Illustrator CS6 软件中钢笔工具、"变换"面板、剪切蒙版、"对齐"面板、渐变工具等的熟练应用；有明确的活动策划思路，具备宣传资料设计思路的能力，有较强的广告设计基础，并能够从市场角度出发，满足客户的设计要求。

任务 6.1　路牌广告设计

■岗位需求描述

本次活动定位为国际婚俗文化艺术节，举办地是一个名为"玫瑰海岸"的场地，因此以"玫瑰印象·中国结"为主题，突出中国传统婚俗文化展示，从"传承婚俗经典、挖掘文化内涵、引领创新未来"3个方面诠释本次艺术节，所有的设计都围绕这3个方面展开。

本任务是为了宣传"玫瑰印象·中国结"这一主题，要求对设计主题研究透彻，能抓住重点，最终设计出符合本次活动宣传的作品，最终成品将作为高速公路路牌广告。成品尺寸为18m×6m，采用喷绘的方式制作。

■设计理念思路

本任务以中国传统戏曲人物为设计主视觉，"京剧是国粹，婚俗是民粹"，用国粹来演绎民粹，整个广告牌外围应用中国传统的窗格，搭配喜庆的中国结呼应主题。整体色彩运用了中国红，突出婚庆主题。文字方面做了处理，颜色搭配呼应主视觉，呼应中国风。

■素材与效果图

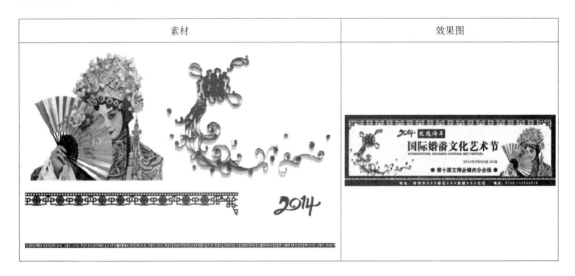

素材	效果图

■岗位核心素养的技能技术需求

掌握运用矩形工具、文字工具、橡皮擦工具等进行设计的方法。了解路牌广告的相关制作要求及方法。

任务实施

1. 制作背景

1）启动 Illustrator CS6 软件，按组合键 Ctrl+N，弹出"新建文档"对话框，参数设置如图 6-1-1 所示。

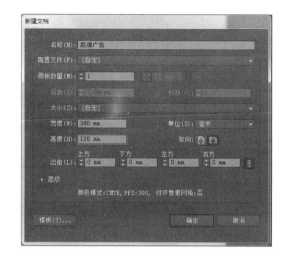

制作路牌广告

图 6-1-1 创建"路牌广告"文档

> **提 示**
>
> 路牌广告的实际大小为 18m×6m，由于大尺寸会造成文件容量较大，从而影响软件的运行速度，为了避免此问题，减少计算机资源消耗，加快计算机的反应速度，本作品将文件的尺寸缩小为原来的 1/50，设置成 360mm×120mm。

2）双击矩形工具，在弹出的"矩形"对话框中设置宽度为 360mm，高度为 120mm，单击"确定"按钮，创建一个与画板相同的矩形。在"颜色"面板中设置填充颜色 CMYK（0，3，10，0），取消描边颜色。在"对齐"面板中单击"对齐到画板"下拉按钮，在打开的下拉列表中单击"水平居中对齐"按钮 与"垂直居中对齐"按钮 ，使矩形与画板重叠，如图 6-1-2 所示。

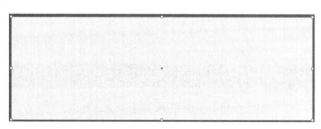

图 6-1-2 创建矩形并对齐

3）双击矩形工具，在弹出的"矩形工具"对话框中设置宽度为 360mm，高度为 8mm，单击"确定"按钮。在"变换"面板中将参考点定位在左上角，设置 X 为 0mm，Y 为 0mm。在"颜色"面板中设置填充颜色为红色 CMYK（0，100，100，0），取消描边颜色，如图 6-1-3 所示。

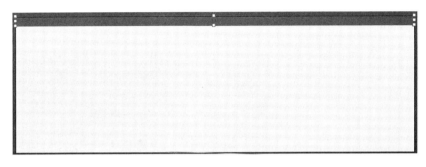

图 6-1-3　创建上方矩形并填充颜色

4）使用矩形工具，在画板的左右两侧分别创建 8mm×120mm 的矩形，通过"变换"面板调整其位置，取消描边颜色并填充红色，如图 6-1-4 所示。

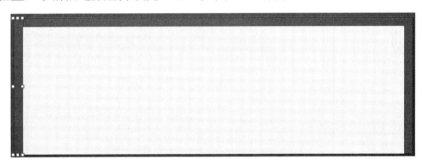

图 6-1-4　创建左右两侧矩形并填充颜色

5）使用矩形工具创建一个 360mm×18mm 的矩形，并将矩形左下角移至 X 为 0mm，Y 为 120mm 的位置上，通过"渐变"面板为该矩形填充由 CMYK（0，100，100，0）到 CMYK（0，100，100，35）的径向渐变色，如图 6-1-5 所示。

图 6-1-5　创建下方矩形并填充渐变色

2．置入图像素材

1）选择"文件"→"置入"命令，弹出"置入"对话框，选中"戏曲人物.png"和"同心结.png"图像文件，单击"置入"按钮，将其导入文件中。在"变换"面板中调整图像文件的大小和位置，参数设置如图 6-1-6 所示，单击控制栏中的"嵌入"按钮。

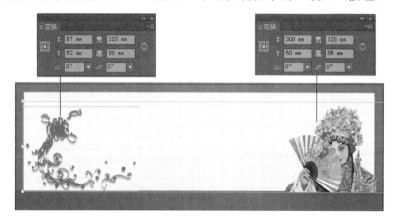

图 6-1-6　置入"戏曲人物"和"同心结"素材

2）在画板下方的渐变矩形中置入"花纹.png"图像素材，如图 6-1-7 所示，单击"控制"栏中的"嵌入"按钮。在"变换"面板中设置素材文件的宽为 27.7mm，高为 9mm，不透明度为 20%。

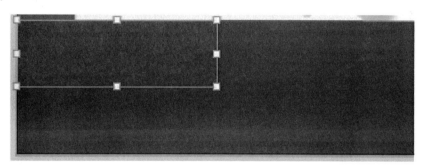

图 6-1-7　置入"花纹"素材

3）选中该花纹图像，按住 Alt 键，并按住鼠标左键向下拖动，复制该对象，得到另一个花纹图像，同时选中两个花纹图像，按组合键 Ctrl+G 进行编组。选中该编组，选择"对象"→"变换"→"移动"命令，弹出"移动"对话框，设置水平为 27.7mm，单击"复制"按钮，即复制该编组。保持编组被选中的状态，按组合键 Ctrl+D 12 次，对编组进行变换，得到底部效果如图 6-1-8 所示。

4）置入上下方的装饰框。打开"装饰框.ai"文件，分别将红色、黄色的装饰框内容复制粘贴到画板中，并调整其大小与位置，参数设置如图 6-1-9 所示。

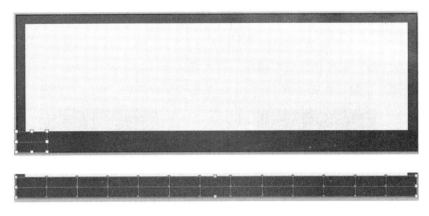

图 6-1-8　编辑"花纹"素材

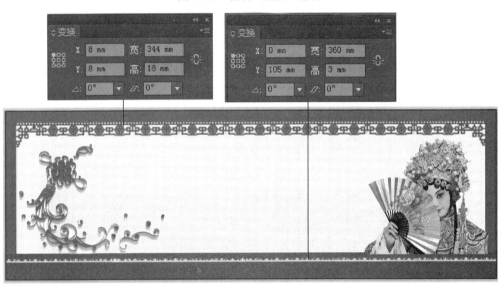

图 6-1-9　置入"装饰框"素材

3．制作文字

1）置入"2014"艺术字。打开"装饰框.ai"文件，将"2014"艺术字复制粘贴到画板中，并调整其大小与位置，参数设置如图 6-1-10 所示。

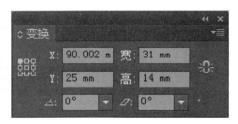

图 6-1-10　置入"2014"文字素材

2）使用矩形工具绘制一个 46mm×15mm 的矩形，并将矩形左上角移至 X 为 125mm，Y

为 25mm 的位置上，填充颜色 CMYK（37，100，98，2）并取消描边颜色，作为文字"玫瑰海岸"的底色。使用文字工具在画板中输入"玫瑰海岸"，修改字体与字体大小，详细的文字属性设置如图 6-1-11 所示。

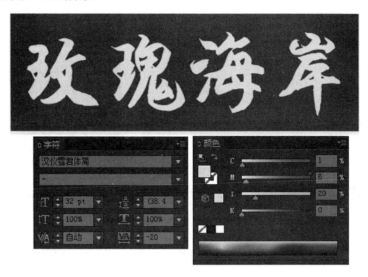

图 6-1-11 输入文字并设置其属性

3）使用文字工具在画板中输入"国际婚俗文化艺术节"，修改字体与字号，详细的文字属性设置如图 6-1-12 所示。

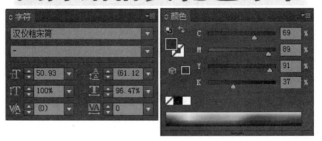

图 6-1-12 设置文字的属性

4）复制"国际婚俗"4 个字，在复制的文字上右击，在弹出的快捷菜单中选择"创建轮廓"命令，再次右击，在弹出的快捷菜单中选择"取消编组"命令，将文字对象转换为复合路径。对"国"字使用橡皮擦工具擦除不需要的笔画，使用直接选择工具对删除后的锚点做细微调整，最后按图 6-1-13 所示留下装饰性的笔画。对"际"字，使用钢笔工具按效果图绘制出不规则图形，对"婚""俗"二字，也使用上述方法处理，得到装饰性的笔画，并填充颜色，调整各对象的大小，将装饰性笔画放置到相应的文字上，如图 6-1-13 所示。

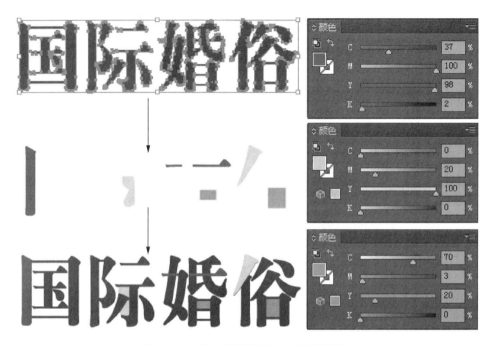

图 6-1-13 对"国际婚俗"文字进行编辑

5）使用文字工具在画板中输入"INTERNATIONAL WEDDING CUSTOMS ART FESTIVAL"，设置字体属性并修改字体颜色，调整其在画板中的位置，如图 6-1-14 所示。

INTERNATIONAL WEDDING CUSTOMS ART FESTIVAL

图 6-1-14 输入英文并设置字体属性

6）使用文字工具，在画板中输入"2014 年 5 月 XX 日-XX 日"，设置字体为华文中宋，字号为 16pt，字体颜色为 CMYK（37，100，98，2）。使用文字工具输入"第十届文博会婚庆分会场"，设置字体为华文中宋，字号为 24pt，设置相同的填充颜色和描边颜色，描边粗细为 1pt，并调整其在画板中的位置，如图 6-1-15 所示。

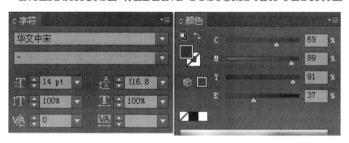

图 6-1-15 输入文字并进行编辑

7）使用椭圆工具在"第十届文博会婚庆分会场"文字的左右两侧绘制两个圆形，并填充颜色 CMYK（37，100，98，2）。

8）使用文字工具在画板底部输入"地址：深圳市 XXX 新区 XXX 街道 XXX 社区""电话：0755-12345678"，设置字体为汉仪粗黑简体，字体颜色为白色。按组合键 Alt+→，调整字符间距。

至此，路牌广告制作完成，最终效果如图 6-1-16 所示。

图 6-1-16　路牌广告的最终效果

任务小结

在设计该路牌广告时应突出本次活动的名称、时间、地点，并以整个项目的主题为设计主体，在设计时应力求突出重点、简明扼要。因为该路牌广告是投放在高速公路广告牌位上，在流动状态中不可能有更多时间阅读，所以路牌广告文案应力求简洁有力，尽力做到言简意赅。

本任务的难点在于装饰性文字的设计，其实此文字效果的结构仅为几个不同颜色的色块的堆叠，其重点在于通过对文字进行创建轮廓、取消编组等操作，将文字变成一般对象，再使用橡皮擦工具擦除不需要的笔画，使用直接选择工具对锚点进行编辑，使用钢笔工具绘制不规则图形，最终做出装饰效果。

任务 6.2　室内展板设计

岗位需求描述

本任务设计的是室内展板，该展板的特点是宣传艺术节的举办场地——玫瑰海岸，需要图文搭配合理，图面整洁，还需考虑展板与人的距离远近等问题。主题仍然沿用"玫瑰印象·中国结"，结构上注意标题、内容、插图和背景的摆放位置，色彩仍然沿用本次活动的主题色。

本作品的最终成品将作为室内展示使用，因此制作材料采用白色 KT 板加上包灰边，成品尺寸为 2.2m×1.5m。

设计理念思路

本任务延续了此次活动主题"玫瑰印象·中国结"。本次活动设计了 3 块室内展板,分别展示玫瑰海岸的项目情况、历届文博会分会场的回顾、中西婚礼婚仪的情况。3 块展板使用统一的模板,只需要替换相应的文字和图片即可。本任务以展示项目情况为例进行设计制作。

四叶草被人们称为幸运草,被人们赋予了各式各样的美好含义,成为人们表达爱情、亲情、友情的信物。因此,本任务采用四叶草形状的蒙版,将各种图片置于其中,和婚庆主题贴切。

素材与效果图

素材	效果图

岗位核心素养的技能技术需求

掌握钢笔工具、剪切蒙版、橡皮擦工具等的使用方法。了解选择合适的喷绘材料的技巧,要求文字排版整体美观、画面简洁。

任务实施

1. 制作背景

1)启动 Illustrator CS6 软件,按组合键 Ctrl+N,弹出的"新建文档"对话框,参数设置如图 6-2-1 所示。

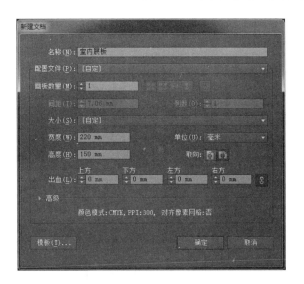

制作室内展板

图 6-2-1　创建"室内展板"文档

提　示

室内展板实际大小为 2.2m×1.5m，由于大尺寸会造成文件容量较大，从而影响软件的运行速度，为了避免此问题，减少计算机资源消耗，加快计算机的反应速度，本作品将文件的尺寸缩小为原来的 1/10，设置成 220mm×150mm。

2）双击矩形工具，在弹出的"矩形"对话框中设置宽度为 220mm，高度为 150mm，单击"确定"按钮，创建一个与画板相同大小的矩形。在"颜色"面板中设置填充颜色为 CMYK（5，4，21，0），取消描边颜色。在"对齐"面板中单击"对齐到画板"按钮，显示对齐按钮并单击"水平居中对齐"按钮与"垂直居中对齐"按钮，使矩形与画板重叠，如图 6-2-2 所示。

3）选择"文件"→"置入"命令，弹出"置入"对话框，选择"花纹.psd"图像文件，单击"置入"按钮，将其导入文件中。在"变换"面板中调整图片大小为 220mm×150mm（与画板同样大小），通过"对齐"面板将其水平、垂直居中对齐于画板，并单击控制栏中的"嵌入"按钮，如图 6-2-3 所示。

图 6-2-2　绘制与画板相同大小的矩形并对齐

图 6-2-3　置入"花纹"素材并调整

2. 制作四叶草图形

1）使用钢笔工具绘制四叶草叶子的轮廓，并使用直接选择工具对形状进行调整，保持叶子的选中状态，按组合键 Ctrl+C 复制，按组合键 Ctrl+F 将复制的对象粘贴在原对象的上方，在"变换"面板中设置参考点，并选择"水平翻转"命令将复制的对象翻转，如图 6-2-4 所示。同时选中两个叶子，按组合键 Ctrl+C 复制，按组合键 Ctrl+F 将复制的对象粘贴在上层，在"变换"面板中将复制的对象旋转 90°，得到四叶草图形，取消填充颜色，设置描边颜色为 CMYK（18，24，49，0），最后调整其在画板中的位置，如图 6-2-4 所示。

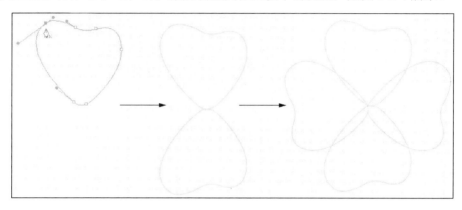

图 6-2-4　绘制四叶草叶子

2）选择四叶草图形，按住 Alt 键，同时按住鼠标左键并拖动，在画板中复制 3 个四叶草图形。使用选择工具，按住 Shift 键等比例缩放，分别调整每个四叶草图形的大小，并放置到合适的位置，如图 6-2-5 所示。

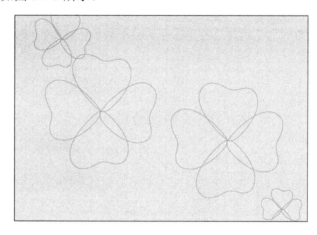

图 6-2-5　复制四叶草图形并调整大小与位置

3）选择"文件"→"置入"命令，弹出"置入"对话框，将"pic1.png"图像文件导入文档中，并单击控制栏中的"嵌入"按钮，单击其中一片叶子并将该四叶草置于"pic1.png"图像上方，同时选中四叶草和图像对象，选择"对象"→"剪切蒙版"→"建立"命令，得到如图 6-2-6 所示的效果。

4）选中创建好的剪切蒙版对象，单击属性栏中的"编辑内容"按钮 ⬙，按住 Shift 键等比例调整图像的大小，以适合剪切路径的显示，单击属性栏中的"编辑剪切路径"按钮 ▣，设置描边颜色为 CMYK（18，24，49，0），如图 6-2-7 所示。

图 6-2-6　建立剪切蒙版　　　　　　　　图 6-2-7　调整剪切蒙版的路径及内容

5）重复步骤 1）～步骤 4），将所有图像文件导入，并依次建立剪切蒙版，调整每个图像文件的大小及位置，如图 6-2-8 所示。

图 6-2-8　导入所有图像并创建剪切蒙版

6）为四叶草重叠部分添加阴影。选择两两相近的四叶草叶子，单击"路径查找器"面板中的"交集"按钮，得到相交的部分，并为其填充黑白透明渐变，设置描边颜色为 CMYK（18，24，49，0），如图 6-2-9 所示。

图 6-2-9 设置图像交集部分

7）使用相同的方法，得到其他图像相交的部分，调整阴影图像在画板中的位置，并设置阴影图像的渐变颜色，如图 6-2-10 所示。

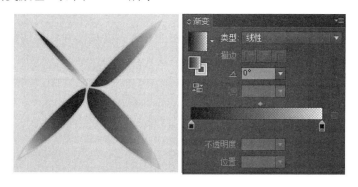

图 6-2-10 设置阴影图像的渐变颜色

3. 制作文字

1）使用文字工具在画板中输入"玫瑰印象"，在"字符"面板和"颜色"面板中设置字符的属性，如图 6-2-11 所示。

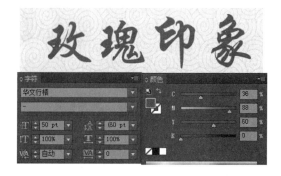

图 6-2-11 输入文字并设置属性 1

2）复制"玫瑰印象"4 个文字，在复制的文字上右击，在弹出的快捷菜单中选择"创建轮廓"命令，再次右击，在弹出的快捷菜单中选择"取消编组"命令，将文字对象转换为复合路径，如图 6-2-12 所示。

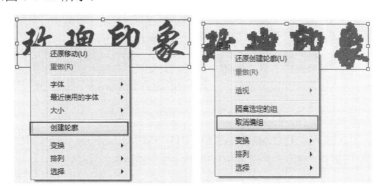

图 6-2-12　为文字创建轮廓并转换路径

3）使用缩放工具放大"玫"字，使用橡皮擦工具擦去文字中不需要保留的笔画，结合直接选择工具做调整，为最终保留的笔画部分填充相应的颜色，如图 6-2-13 所示。

图 6-2-13　编辑"玫"字笔画并填充颜色

4）使用相同的方法编辑"瑰""印""象"的文字效果，如图 6-2-14 所示。

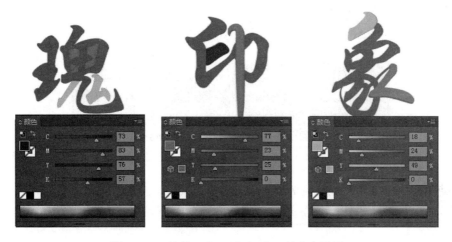

图 6-2-14　编辑"瑰""印""象"的文字效果

5）使用文字工具输入"·中国结"，在"字符"面板和"颜色"面板中设置字符的属性，如图 6-2-15 所示。

图 6-2-15　输入文字并设置属性 2

6）使用文字工具输入"THE ROSE COAST OF IMPRESSION THE CHINESE KNOT"，在"字符"面板和"颜色"面板中设置字符的属性，如图 6-2-16 所示。

图 6-2-16　输入文字并设置属性 3

7）为各图片配上相应的文字，并放置在画板合适的位置。使用椭圆工具绘制装饰圆，使用文字工具输入文字，汉字字体为蒙纳简超刚黑，英文字体为方正姚体，详细的字符属性如图 6-2-17 所示。

图 6-2-17　字符属性

8）使用相同的方法设置其他 7 幅图片及文字的效果。

至此，室内展板的制作完成，最终效果如图 6-2-18 所示。

图 6-2-18　室内展板的最终效果

任务小结

本任务中的主要文字仍然是使用与任务 6.1 中相同的装饰性文字的设计方法。对于要修改文字的笔画或为文字填充渐变颜色等操作，均需先为文字创建轮廓，将文字转变为图形。

本任务的难点在于绘制"四叶草"图形，因此要熟练运用钢笔工具和"路径查找器"面板中的"交集"按钮，才能得到"四叶草"的蒙版图形及叶子间的渐变装饰效果。

任务 6.3　菱形柱广告设计

岗位需求描述

菱形柱广告属于新型户外媒体，区别于形式单一的店招式平面广告牌类型，具有非常好的视觉冲击力，给人一种前所未有的感觉，会吸引较多的目光停留，本任务采用立体菱形柱的方式制作符合会场布置要求的广告。

本作品成品的展开平面图尺寸是 4m×3m，局部尺寸是 1m×1m，制作的时候需要掌握菱形展开图的排版与页面的放置位置，注意检查各面位置是否有出错的地方。成品的制作材料采用喷绘的方式。

■设计理念思路

本任务延续此次活动主题"玫瑰印象·中国结"。

简洁性是广告设计中的一个重要原则，整个画面乃至整个设施都应尽可能简洁。设计时要独具匠心，在少而精的原则下起到装饰会场和宣传活动的作用。设计时菱形柱的 6 个面采用两种页面方式：一是活动名称；二是主视觉和活动主题。

本任务以玫瑰红为主色调。由于菱形柱的成品效果图具有倾斜效果，因此单页面设计时采用对角线分割型，具有不稳定感，视觉冲击力较强，形成了在变化中相互呼应的视觉效果。

■素材与效果图

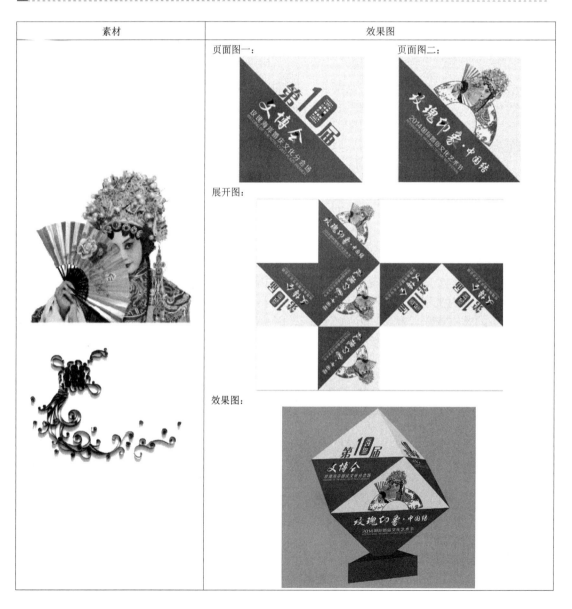

■岗位核心素养的技能技术需求

本任务主要运用直接选择工具、"变换"面板、复合路径、剪切蒙版等来进行制作，任务中要了解菱形柱广告各个面的排版方向，在制作的时候注意方向的准确性。

任务实施

1. 制作侧面图一

1) 启动 Illustrator CS6 软件，按组合键 Ctrl+N，弹出"新建文档"对话框，参数设置如图 6-3-1 所示。

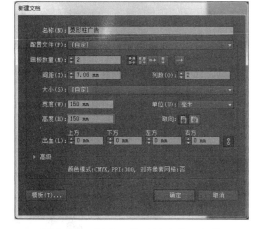

制作菱形柱广告

图 6-3-1　创建"菱形柱广告"文档

> **提　示**
>
> 　成品的实际展开平面图尺寸是 4m×3m，局部尺寸是 1m×1m，由于大尺寸会造成文件容量较大，从而影响软件的运行速度，为了避免此问题，本任务将文件的尺寸缩小为原来的 1/10，局部尺寸设置成 100mm×100mm。

2) 在"画板 1"中双击矩形工具，在弹出的"矩形"对话框中设置宽度为 100mm，高度为 100mm，单击"确定"按钮。使用"变换"面板，将矩形旋转 45°得到一个菱形图形，如图 6-3-2 所示。

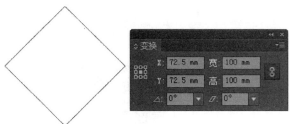

图 6-3-2　创建矩形并旋转为菱形

3）使用矩形工具绘制一个比菱形稍大的矩形，同时选中菱形和矩形，单击"路径查找器"面板中的"减去顶层"按钮，对菱形进行裁剪，得到一个三角形，如图 6-3-3 所示。

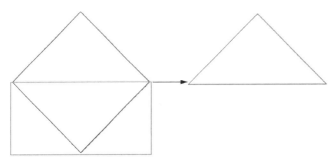

图 6-3-3　对菱形进行裁剪

4）选中三角形，按组合键 Ctrl+C 复制，按组合键 Ctrl+F 粘贴一个相同的三角形，单击"变换"面板右侧的下拉按钮，在打开的下拉列表中选择"垂直翻转"选项，将三角形向下翻转，得到一个菱形，如图 6-3-4 所示。

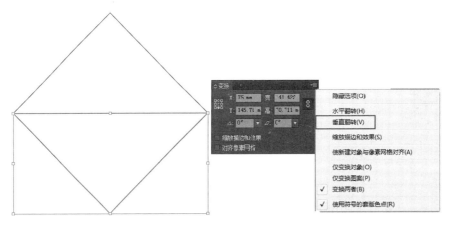

图 6-3-4　得到一个菱形

5）选中上方的三角形，进行背景处理。设置填充颜色为 CMYK（5，4，21，0），取消描边颜色，选择"效果"→"像素化"→"点状化"命令，弹出"点状化"对话框，设置单元格大小为 3。选中下方的三角形，设置填充颜色为 CMYK（36，88，60，0），取消描边，得到图 6-3-5 所示的效果。将整个菱形复制到"画板 2"中。

图 6-3-5　为菱形设置效果

6）在"画板 1"中，使用文字工具分别输入"第""10""届"，在"字符"面板和"颜色"面板中分别设置字符的属性，设置颜色为 CMYK（36，88，60，0），在画板中调整文字的位置，如图 6-3-6 所示。

7）对"10"进行艺术化处理。在"10"的中间绘制一个宽为 9mm，高为 24mm 的矩形，设置填充颜色为无，描边颜色为 CMYK（36，88，60，0），描边粗细为 2pt。使用直线段工具绘制直线，使用矩形工具在所绘制的直线布局中绘制多个矩形，并填充不同的颜色。将所有的直线和矩形选中，按组合键 Ctrl+G 将其组成编组，并拖动编组对象放置到"10"字的中间，如图 6-3-7 所示。

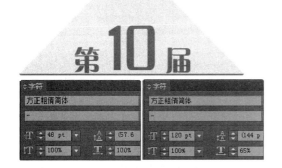

图 6-3-6　设置字体属性

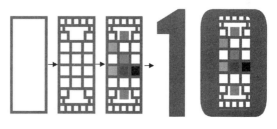

图 6-3-7　绘制矩形装饰"10"字

8）使用文字工具在画板中输入"文博会"，在"字符"面板和"颜色"面板中设置字符的属性，在画板中调整文字的位置。使用任务 6.2 中"玫瑰印象"字体的艺术处理方法，对"文博会"文字进行轮廓化后使用橡皮擦工具删除不需要的笔画，使用直接选择工具调整剩下笔画的锚点，绘制图 6-3-8 所示的形状并填充相应的颜色，最终效果如图 6-3-8 所示。

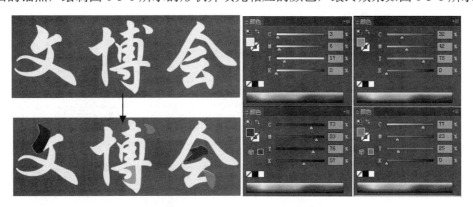

图 6-3-8　装饰文字并填充颜色

9）使用文字工具输入"玫瑰海岸婚庆文化分会场"和"WEDDING OF THE ROSE COAST PLAZE BRANCH"，在"字符"和"颜色"面板中设置字符的属性，如图 6-3-9 所示。

至此，侧面图一制作完成，最终效果如图 6-3-10 所示。

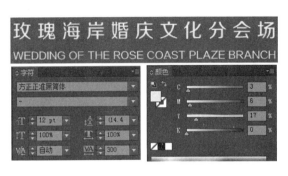

图 6-3-9　设置字符属性　　　　　　　　　　图 6-3-10　侧面图一最终效果

2. 制作侧面图二

1）在"画板 2"中，使用椭圆工具绘制两个正圆，同时选中两个圆，右击，在弹出的快捷菜单中选择"建立复合路径"命令，得到一个同心圆。使用钢笔工具在同心圆上层绘制一个不规则图形，同时选中同心圆和不规则图形，在"路径查找器"面板中单击"减去顶层"按钮，对同心圆进行裁剪，对得到的图形填充颜色 CMYK（0，100，100，0），如图 6-3-11 所示。

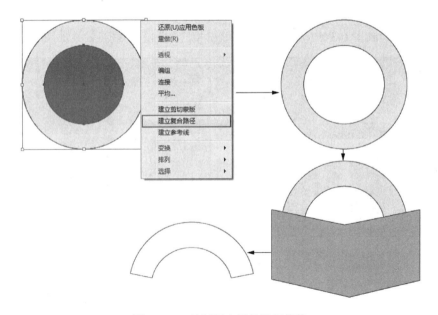

图 6-3-11　绘制同心圆并进行裁剪

2）选择"文件"→"置入"命令，弹出"置入"对话框，将"同心结.png"素材文件导入文档，单击属性栏中的"嵌入"按钮，复制一个同心结图像，分别调整两者的大小和位置，如图 6-3-12 所示。在图像文件上右击，在弹出的快捷菜单中选择"排列"→"下移一层"命令，将两个同心结图像放置在同心圆的下方，同时选中同心结图像和同心圆，选择"对象"→"剪切蒙版"→"建立"命令，建立剪切蒙版。选择"剪切蒙版"对象，单击属性栏中的"编辑剪切路径"按钮，设置描边颜色为红色，描边粗细为 1pt，如图 6-3-12 所示。

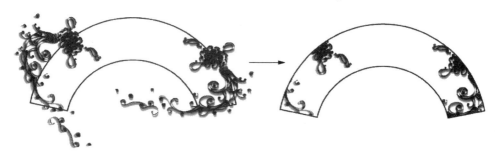

图 6-3-12　置入素材文件并创建剪切蒙版

3）置入"戏曲人物.png"文件，使用自由变化工具 ▩ 调整图像文件的大小，并将其拖动至画板中相应的位置。

4）将任务 6.2 中的"玫瑰印象·中国结"文字复制到下方的三角形中，修改文字的填充颜色，调整其大小及在画板上的位置。

5）使用文字工具输入"2014 国际婚俗文化艺术节"和"INTERNATIONAL WEDDING CUSTOMS ART FESTIVAL"，字符属性分别与侧面图一中的"玫瑰海岸婚庆文化分会场"和其下方的英文相同。

至此，侧面图二制作完成，最终效果如图 6-3-13 所示。

图 6-3-13　侧面图二最终效果

3．制作展开图

1）在打开的"菱形柱广告"文件中，使用画板工具 □ 在文档中绘制"画板3"，设置其宽度为400mm，高度为300mm，使用选择工具退出画板模式，如图6-3-14所示。

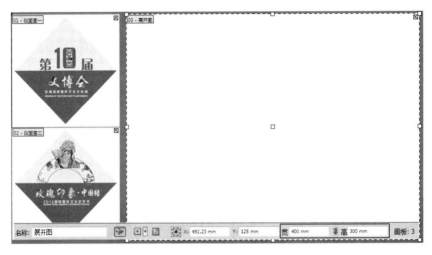

图6-3-14　创建"画板3"制作展开图

2）分别对侧面图一和侧面图二按组合键Ctrl+G进行编组，并将其复制到"画板3"中，利用"变换"面板对复制的对象分别进行旋转，完成效果如图6-3-15所示。

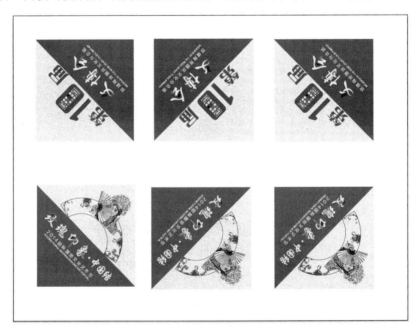

图6-3-15　旋转侧面图一和侧面图二

3）调整每个侧面图在画板中的位置，得到菱形柱广告展开图的排版，最终效果如图6-3-16所示。至此，展开图制作完成。

图 6-3-16　展开图最终效果

任务小结

菱形柱广告的设计要求不同于平面广告的设计要求,与平面广告相比,菱形柱广告具有非常好的视觉冲击力,给人一种前所未有的感觉,会吸引更多的目光。立体广告的设计思路不仅要体现颜色的协调性,还要考虑图像本身是否具有较强的分层效果。本任务在文字的设计上采用了多种颜色搭配的色块作为装饰,突出文字的立体效果,并且在设计中采用了两种不同的侧面搭配,适用于从不同的角度观看。

任务 6.4　灯杆吊旗设计

岗位需求描述

本任务设计制作的灯杆吊旗是旗帜的一种,或用于展示企业文化,或用于广告宣传。灯杆吊旗能展示本次活动的主题,起到塑造品牌形象和指示的作用。

本作品共设计两组画面,每组包括两个不同的单体画面,共四个单体。每组的单体画面成品的尺寸是 0.45m×1.2m。采用单面印刷,使用写真布材料制作而成。

设计理念思路

本任务延续此次活动主题"玫瑰印象·中国结"。

本次任务设计两组画面:一是以中国红、主视觉中的戏曲人物为主体;二是以玫瑰红、主视觉中的中国结为主体。文字部分突出活动名称和活动主题,配以中国传统的窗花为边框。本任务的设计围绕主视觉的元素展开,简洁大方。

▌素材与效果图

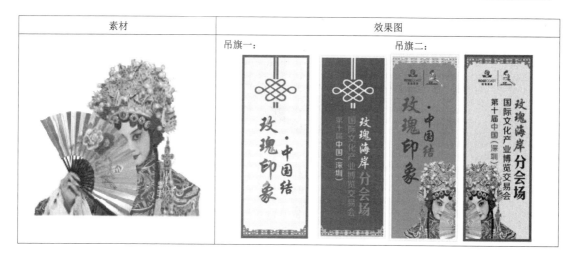

素材	效果图
	吊旗一: 吊旗二:

▌岗位核心素养的技能技术需求

掌握直线段工具、直排文字工具及选择工具的移动命令、变换再制命令、圆角效果命令等的操作,了解和掌握灯杆吊旗广告的制作方法。

▍任务实施▍

1. 制作吊旗一

1)启动 Illustrator CS6 软件,按组合键 Ctrl+N,弹出的"新建文档"对话框,参数设置如图 6-4-1 所示。

制作灯杆吊旗

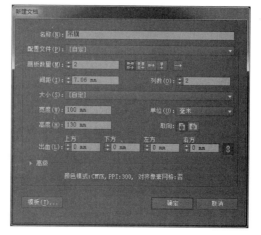

图 6-4-1　创建"吊旗"文档

每组单体画面成品的实际尺寸是 0.45m×1.2m，由于大尺寸会造成文件容量较大，从而影响软件的运行速度，为了避免此问题，本任务将文件的尺寸降低，设置成如图 6-4-1 所示的尺寸。

　　2）在"画板 1"中，使用矩形工具绘制一个 45mm×120mm 的矩形，选择该矩形，按住 Alt 键，按住鼠标左键向右拖动矩形，在画板右侧复制一个相同大小的矩形，注意调整两个矩形在画板中的位置，如图 6-4-2 所示。将这两个矩形复制到"画板 2"中。

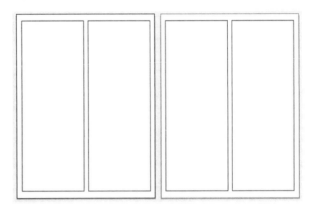

图 6-4-2　绘制矩形

　　3）在"画板 1"中，选中左侧的矩形，设置填充颜色为 CMYK（5，4，21，0），描边颜色为 CMYK（36，88，60，0），描边粗细为 4pt。选中右侧的矩形，使用吸管工具吸取左侧矩形的填充和描边属性，填充到右侧的矩形中，单击工具箱中的"互换填色和描边" 按钮，将矩形的填充色和描边色互换，如图 6-4-3 所示。

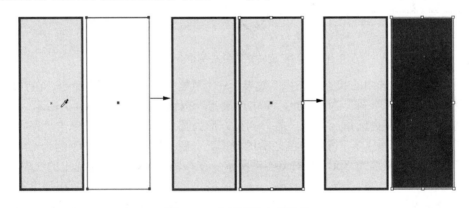

图 6-4-3　为矩形填充背景色

　　4）使用矩形工具绘制一个 8mm×8mm 的正方形，取消填充颜色，设置描边颜色为 CMYK（36，88，60，0），描边粗细为 3pt。保持矩形被选中状态，双击选择工具，在弹出的"移动"对话框中设置"水平"为 8mm，单击"复制"按钮，在右侧复制出一个相同的正方形，连续按组合键 Ctrl+D 两次，复制得到两个相同的正方形，如图 6-4-4 所示。

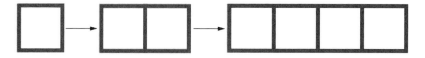

图 6-4-4　复制正方形

5）同时选中 4 个正方形，双击选择工具，在弹出的"移动"对话框中设置"垂直"为 8mm，单击"复制"按钮，保持正方形被选中的状态，连续按组合键 Ctrl+D 两次，得到一组正方形，如图 6-4-5 所示。

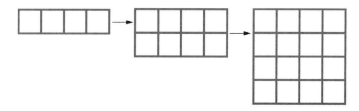

图 6-4-5　复制矩形得到矩阵

6）选中整组正方形，在"变换"面板中设置"角度"为 45°，单击"确定"按钮。将旋转后的图形中不需要的正方形删除，得到图 6-4-6 所示的效果。

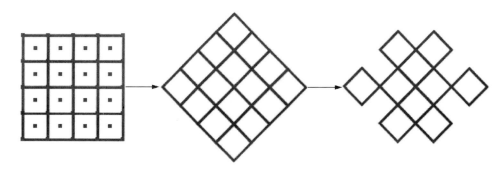

图 6-4-6　旋转矩阵并去掉部分正方形

7）保持图形被选中的状态，选择"效果"→"风格化"→"圆角"命令，在弹出的"圆角"对话框中设置"半径"为 10mm，单击"确定"按钮，效果如图 6-4-7 所示。此时，所有的正方形的角均变为圆角，但是只需外侧正方形为圆角即可，因此，单击"路径查找器"面板中的"轮廓"按钮，得到去色之后的轮廓，重新设置图形的描边颜色为 CMYK（36，88，60，0），描边粗细为 3pt，如图 6-4-8 所示。在该图形上右击，在弹出的快捷菜单中选择"取消编组"命令，再次选择"效果"→"风格化"→"圆角"命令，在弹出的"圆角"对话框中设置半径为 10mm，单击"确定"按钮，按组合键 Shift+Ctrl+E 即可，如图 6-4-9 所示。按住 Shift 键，拖动鼠标调整图形的大小，并放置到画板中合适的位置。

8）在得到的矢量中国结图形的上方和下方，使用直线段工具分别绘制直线段，调整直线的长短及在画板中的位置，设置直线的描边颜色为 CMYK（36，88，60，0），描边粗细为 3pt，如图 6-4-10 所示。

9）选中步骤 7）和步骤 8）中绘制的图形和直线，按住 Alt 键，按住鼠标左键向右拖动复制相同的图形到右侧的矩形中，并改变图形和直线的描边颜色 CMYK（5，4，21，0），直线粗细为 3pt，如图 6-4-11 所示。

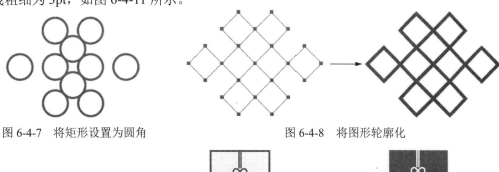

图 6-4-7　将矩形设置为圆角　　　　　图 6-4-8　将图形轮廓化

图 6-4-9　再次执行矩形圆角效果　　图 6-4-10　绘制直线　　图 6-4-11　复制图形并改变颜色

10）打开任务 6.2 所制作的"室内展板.ai"文档，将文字"玫瑰印象•中国结"拖动到本文档左侧矩形中。选择"文字"→"文字方向"→"垂直"命令调整文字的方向，并放置到画板中合适的位置，如图 6-4-12 所示。在右侧的矩形中，使用直排文字工具输入文字，"玫瑰海岸分会场"字体为方正北魏楷书简体，"国际文化产业博览交易会第十届中国（深圳）"字体为方正正准黑简体，在"字符"面板和"颜色"面板分别设置相应的字体属性，如图 6-4-12 所示。

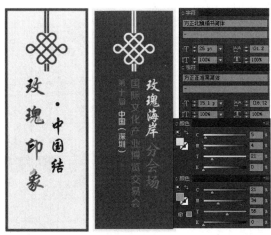

图 6-4-12　输入文字并设置属性

11）打开"素材.ai"文件，将边框拖进本文档中，分别设置其颜色，并调整其大小与位置，如图 6-4-13 所示。至此，吊旗一制作完成。

图 6-4-13　吊旗一最终效果图

2. 制作吊旗二

1）选中"画板 2"中左侧的矩形，设置填充颜色为 CMYK（36，42，58，0），描边颜色为 CMYK（7，15，28，0），描边粗细为 4pt。选中右侧的矩形，设置填充颜色为 CMYK（7，15，28，0），描边颜色为红色 CMYK（0，100，100，0），描边粗细为 4pt，如图 6-4-14 所示。

2）打开"素材.ai"文件，将文件里的标志拖动到本文档中，分别调整标志的大小及其在画板中的位置，在两个标志间使用直线段工具绘制一条直线，设置描边颜色为 CMYK（40，70，100，50），如图 6-4-15 所示。选中标志，按组合键 Alt+Shift，同时按住鼠标左键向右拖动，将标志保持水平复制到右侧的矩形中。

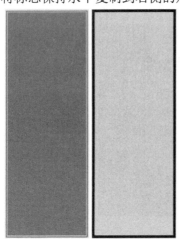

图 6-4-14　绘制矩形并填充颜色

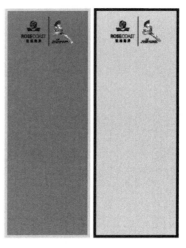

图 6-4-15　复制标志

3）将"画板 1"中的文字复制到"画板 2"中，修改字体的颜色，如图 6-4-16 所示。

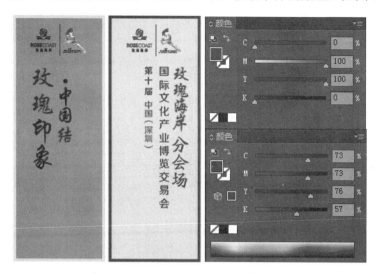

图 6-4-16 添加文字并修改文字颜色

4）选择"文件"→"置入"命令，弹出"置入"对话框，将"戏曲人物.png"文件置入文档中，单击属性栏中的"嵌入"按钮，将图像文件嵌入文档中，按住 Shift 键等比例调整图像的大小。使用矩形工具绘制一个 26mm×47mm 的矩形，调整图像的大小和矩形的位置，如图 6-4-17 所示。

图 6-4-17 嵌入素材文件并调整大小

5）同时选中"戏曲人物"图像和矩形，右击，在弹出的快捷菜单中选择"建立剪切蒙版"命令，建立剪切蒙版，如图 6-4-18 所示。保持对象被选中的状态，按住 Alt 键，并按住鼠标左键拖动复制出相同的对象，单击"变换"面板中的"水平翻转"按钮，调整两个剪切蒙版对象的位置，吊旗二最终效果如图 6-4-19 所示。

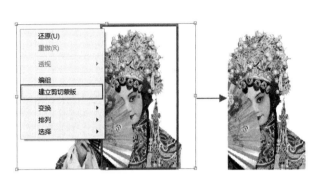

图 6-4-18　建立剪切蒙版裁剪图像　　　　　图 6-4-19　吊旗二最终效果

至此，吊旗二制作完成。

任务小结

灯杆吊旗广告主要安装在通往本次活动地点的道路旁的灯杆上，以达到宣传本次活动主题和展示企业品牌形象的目的。因此，在制作的过程中，设计了两组不同的单体画面，分别用于展示本次活动主题和本次活动内容，配以本次活动宣传的主视觉和主色调，贴合主题，增强了宣传和展示的效果。

任务 6.5　邀请函设计

■ 岗位需求描述

本任务设计制作的邀请函是邀请各界人士、专家等参加本次活动时所发的请约性书信。在设计过程中，需要考虑如何让作品更有吸引力、震撼力，抓住受邀者的好奇心理，提炼内容，突出重点，激发受邀者到现场的渴望，达到邀请的目的。

本作品制作成封套加内页形式，成品尺寸中封套为 160mm×264mm，内页为150mm×220mm 和 170mm×150mm。要求成品内页使用 250g 珠光冰白纸，信封使用 300g 铜版纸过亚膜。

■ 设计理念思路

本任务延续此次活动主题"玫瑰印象·中国结"。

邀请函由封套和内页组成，内页设计为可折叠内页，灵感来源于古代书信，再一次与中国风主题对应。内页主要是满足功能需求，所以在色彩上采用了暖色，边框使用中国风素材点缀。封套设计融入此次活动主题的主视觉，并采用中国红，类似于中国传统喜帖，用中国传统的窗花来做色彩区分。

素材与效果图

素材	效果图
	信封：　　内页正面：　　内页背面： 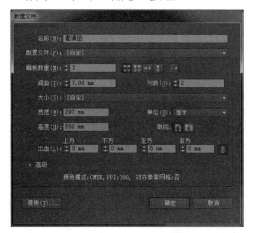

岗位核心素养的技能技术需求

掌握钢笔工具、文字工具、路径文字工具、"变换"面板等的使用方法；了解和掌握邀请函的设计流程和制作步骤。

任务实施

1. 制作信封

1）启动 Illustrator CS6 软件，按组合键 Ctrl+N，在弹出的"新建文档"对话框中设置文档名称为"邀请函"，参数设置如图 6-5-1 所示，单击"确定"按钮。

制作邀请函

图 6-5-1　创建"邀请函"文档

2）在"画板 1"中，双击圆角矩形工具，在弹出的"圆角矩形"对话框中设置宽度为 160mm，高度为 264mm，半径为 10mm，单击"确定"按钮，创建一个圆角矩形。使用矩形工具绘制一个 160mm×50mm 的矩形。同时选中圆角矩形和矩形，单击圆角矩形，使其成为关键对象，单击"对齐"面板中的"水平居中对齐" 按钮和"垂直底对齐" 按钮，将两者对齐，单击"路径查找器"面板中的"联集"按钮，生成一个新的对象，如图 6-5-2 所示。

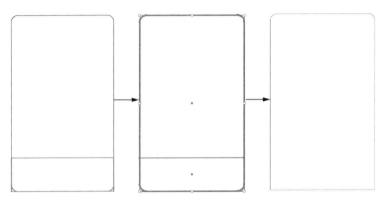

图 6-5-2 联集圆角矩形和矩形

3）双击圆角矩形工具，在弹出的"圆角矩形"对话框中设置宽度为 20mm，高度为 175mm，半径为 50mm，单击"确定"按钮，创建出折痕的圆角矩形部分。使用矩形工具，绘制一个 15mm×200mm 的矩形，将该矩形移动到圆角矩形上方，贴齐中线，单击"路径查找器"面板中的"减去顶层"按钮，减去圆角矩形的一半，得到新的图形，如图 6-5-3 所示。将该折痕复制一个，分别放置在左右两侧。

4）使用矩形工具绘制一个 80mm×202mm 的矩形，使用钢笔工具绘制如图 6-5-4 所示的曲线，调整曲线和矩形的位置，单击"路径查找器"面板中的"分割"按钮，按组合键 Shift+Ctrl+G 取消编组，将分割后不需要的对象删除，如图 6-5-5 所示。

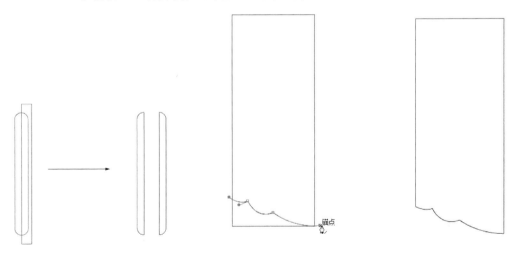

图 6-5-3 绘制信封折痕部分　　图 6-5-4 绘制矩形和曲线　　图 6-5-5 分割图形

5）复制图 6-5-5 所示的图形，将其"水平翻转"，同时选中两个图形，单击"路径查找器"面板中的"联集"按钮，得到邀请函的下半部分，如图 6-5-6 所示。

6）分别为邀请函的上下部分填充 CMYK（42，100，100，5）到 CMYK（5，75，56，0）的径向渐变色，使用渐变工具调整圆角矩形上渐变的位置，如图 6-5-7 所示。为邀请函左右两侧折痕部分填充颜色 CMYK（45，95，100，20），取消描边颜色。

7）将"花纹 1.png"图像文件置入文档中，保持图像被选中的状态，在"变换"面板中，设置旋转角度为 90°，宽为 53.3mm，高为 132mm，按住 Alt 键，按住鼠标左键拖动，利用"智能参考线"贴齐的功能，复制多个图像文件，铺满整个圆角矩形，按组合键 Ctrl+G 将所有的图像文件进行编组，调整不透明度为 10%，如图 6-5-8 所示。

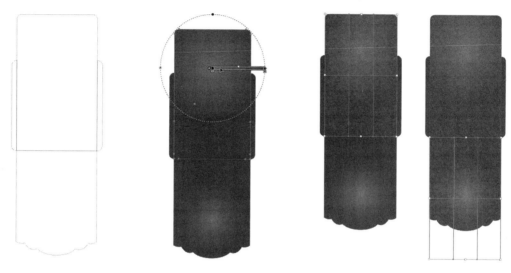

图 6-5-6 信封轮廓   图 6-5-7 填充渐变颜色   图 6-5-8 置入"花纹"素材作为背景

8）使用相同的方法为下半部分添加花纹效果，由于下半部分是不规则的图形，因此将该不规则图形作为剪切蒙版的遮罩部分，将花纹图像放置到不规则图形中。

9）使用文字工具输入"邀"字，使用直排文字工具输入"请函"和"INVITATION"，在"字符"和"颜色"面板中设置字符的字体分别为方正中倩简体、方正细黑繁体、黑体，字体颜色为 CMYK（4，10，30，0），并调整其位置。在信封的上半部分继续添加相应的文字，并设置其字符属性，如图 6-5-9 所示。在信封的下半部分，使用文字工具分别输入"玫瑰海岸·诚意邀请"和"2014.05.29"，在"字符"面板和"颜色"面板中设置其字符属性，在"变换"面板中，设置旋转角度为-180°，如图 6-5-9 所示。

10）选择"文件"→"置入"命令，弹出"置入"对话框，将"邀请函喜字.png"文件置入文档中，调整其大小与位置。打开"素材.ai"文件，将文件中的标志、祥云图案分别拖进本文档中，并调整这些素材图形在文件中的大小与位置，最终效果图如图 6-5-10 所示。至此，信封制作完成。

图 6-5-9　添加文字并设置字符属性 　　　　　图 6-5-10　信封最终效果

2. 制作内页正面

1）在"画板 2"中，使用矩形工具绘制一个 150mm×390mm 的矩形，并为矩形填充与任务 6.2 相同的背景颜色和花纹，即填充颜色为 CMYK（5，4，21，0），取消描边颜色，添加"花纹 2.psd"背景图案，调整背景图案的大小和位置，单击控制栏中的"嵌入"按钮，将背景图案嵌入文档中，如图 6-5-11 所示。

2）使用矩形工具绘制一个 150mm×220mm 的矩形，取消填充颜色，设置描边颜色为红色，描边粗细为 2pt。打开"素材.ai"文件，将文件中的边框拖进本文档中，并复制一个边框放置到页面下方，如图 6-5-12 所示。

图 6-5-11　制作背景矩形 　　　　　　　　图 6-5-12　制作下方矩形边框

3）将"素材男.png"和"素材女.png"置入本文档中，并分别调整其大小及位置，绘制黑色边框矩形作为剪切蒙版，同时选择素材图形和黑色边框矩形，右击，在弹出的快捷菜单中选择"建立剪切蒙版"命令，建立剪切蒙版，裁切图形文件，如图 6-5-13 所示。

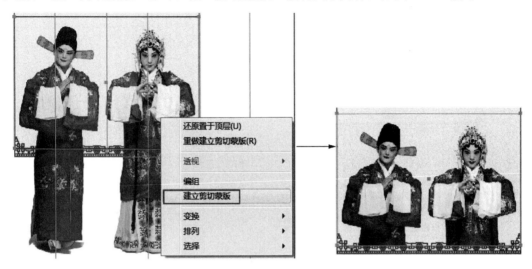

图 6-5-13 建立剪切蒙版裁切图形

4）将任务 6.3 中的文字复制到本文档中，并修改文字相应的颜色，如图 6-5-14 所示。

5）在内页矩形上方，将素材文件添加到本文档中，并使用文字工具输入文字，设置相应的字符属性和颜色 CMYK（62，83，81，47），如图 6-5-15 所示。

图 6-5-14 添加主题文字   图 6-5-15 添加文字

6）使用"变换"面板将步骤 5）中的文字旋转-180°，并将其放置在内页矩形上方，最终效果如图 6-5-16 所示。至此，内页正面制作完成。

3. 制作内页反面

1）在"画板 3"中，使用相同的方法绘制与内页正面相同的矩形背景，并添加相同的背景颜色和花纹图案，如图 6-5-11 所示。

2）使用矩形工具绘制一个 150mm×220mm 的矩形，取消填充颜色，设置描边颜色为 CMYK（0，20，60，20），描边粗细为 2pt。打开"素材.ai"文件，将文件中的边框拖进本文档中，并复制一个边框放置到页面下方，设置其颜色与矩形描边颜色相同，如图 6-5-17 所示。

图 6-5-16　内页正面最终效果

图 6-5-17　制作矩形背景

3）参考任务 6.3 中侧面图二的同心圆的裁剪方法，制作相同的图形，并设置该图形填充颜色为 CMYK（2，7，20，0），如图 6-5-18 所示。

4）分别从"水平标尺"和"垂直标尺"处拖出水平参考线和垂直参考线，以参考线交叉的中心点为圆心，使用椭圆工具，按住组合键 Alt+Shift，按住鼠标左键拖动绘制 3 个大小不一的同心圆，将同心圆作为路径，使用路径文字工具在同心圆上输入文字，并通过调整路径文字的起始点和结束点对齐文字，分别设置文字的字符属性和颜色 CMYK（37，100，98，2），如图 6-5-19 所示。

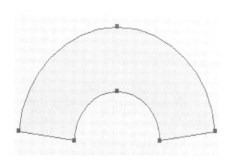

图 6-5-18　制作同心圆图形

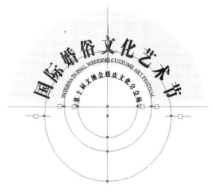

图 6-5-19　制作路径文字

5）打开任务 6.1 制作好的文件，将任务 6.1 中的素材"2014"和"玫瑰海岸"添加到本文档中，并绘制底部矩形和修改填充颜色。同时，添加底部的标志素材，并以填充颜色为 CMYK（2，7，20，0）的正圆为底部图形，制作内页反面的下半部分，如图 6-5-20 所示。

图 6-5-20　添加素材设置内页反面的下半部分

6）制作内页反面的邀请函文字内容的上半部分。打开"素材.ai"文件，将文件中的边框拖进本文档作为上半部分文字内容的边框，调整好大小，在边框内输入如图 6-5-21 所示的文字内容。

图 6-5-21　"邀请函"文字部分

7）按组合键 Ctrl+G 将文字部分进行编组，在"变换"面板中设置旋转角度为-180°，并调整文字在文档中的位置。使用相同的方法，对图 6-5-20 中制作的内页反面的上半部分进行旋转，最终效果如图 6-5-22 所示。至此，内页反面制作完成。

图 6-5-22　内页反面最终效果

任务小结

　　本任务中的邀请函包括信封和内页两部分，其中信封的封口部分为不规则图形，因此在制作的过程中需要使用钢笔工具绘制出封口图形，再进行裁切，才能得到不规则的封口图形部分。

　　邀请函的内页分为正反面，并采用折页的方式，在设计中，应注意正反面对折后的阅读方向，制作完成后，注意检查正反面上下部分的方向。

项 目 测 评

测评 6.1　餐券设计

设计要求

　　制作本项目活动中所使用的餐券，仍以"玫瑰印象·中国结"为主题，所用的素材以主视觉的戏曲人物为主，均是上述任务中所设计的效果。餐券是正反面设计，包含副券，因此在制作时应注意正反面的布局。印刷时要求餐券必须进行打点，方便撕取。

　　餐券的成品尺寸是 210mm×70mm。本任务主要运用文字工具、直线段工具、文字创建轮廓、文字填充渐变色、剪切蒙版、透明度等来进行设计制作。

素材与效果图

素材	效果图
无	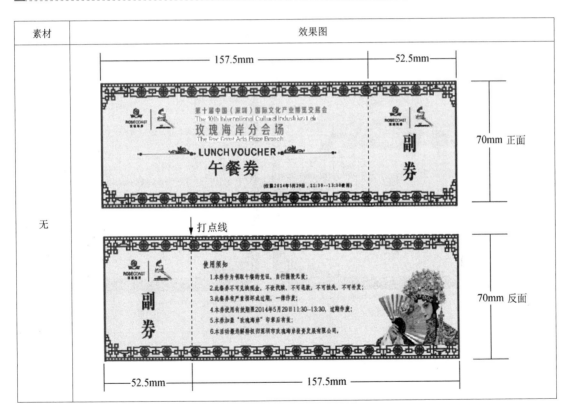

测评 6.2　贵宾证设计

▌设计要求

以戏曲人物和中式窗花边框为素材设计制作贵宾证。贵宾证分正反面，正面是活动主题的宣传内容，背面是活动内容的说明。

贵宾证的成品尺寸为 118mm×88mm，不需要表膜，未留出血线。以此为模板，可以制作类似的各类证件，如工作人员证、记者证等。本测评主要运用矩形工具、椭圆工具、区域文字工具、复合路径、剪切蒙版等来进行设计制作。

▌素材与效果图

素材	效果图
无	正面　　　　　　　　　　反面

书 装 设 计

学习目标

　　使用 Illustrator CS6 软件进行书装的设计与制作，除学习软件的基本工具外，还要学习构图、意境及色彩的搭配使用。

知识准备

　　了解书籍的开本、装帧形式、封面、腰封、字体、版面、色彩、插图、纸张材料，以及印刷、装订工艺等各个环节的艺术设计，了解书籍封面设计的各个流程。学会充分运用文字、图形、色彩等平面视觉元素与材料、印刷工艺等立体的触觉设计元素，体现书籍内在的气质与时代精神，从而使书籍达到艺术性、功能性、时代性的完美结合。

项目核心素养基本需求

　　熟练运用 Illustrator CS6 软件中的钢笔工具、文字工具、标尺、参考线、渐变工具、剪切蒙版等；掌握书籍设计的理念和设计元素，达到实战水平；在设计的过程中，提高审美能力、设计能力及团队合作和沟通能力。

任务 7.1 经济类——《风险思维》装帧设计

■岗位需求描述

书籍装帧设计是指从调查研究到检查校对的一系列的设计程序。首先向作者或文字编辑了解原著的内容实质，然后通过自己的阅读理解对装帧对象的内容、性质、特点和读者对象等做出正确的判断。

《风险思维》是由全球著名的风险专家、TED 演讲专家倾数十年之力打造的集全球风险智慧、具有重大影响的经济书。本任务是针对该书籍的特点进行装帧设计，要求色彩鲜明、简洁大方。

■设计理念思路

经济类书籍在设计上以严谨的思维为主线，在排版上体现数字的精确性。黑色和黄色强烈反差的碰撞体现了"风险"的特性。在设计上与书籍内容相呼应，为我们提供了一种探讨知识和不确定性的新方法。

■素材与效果图

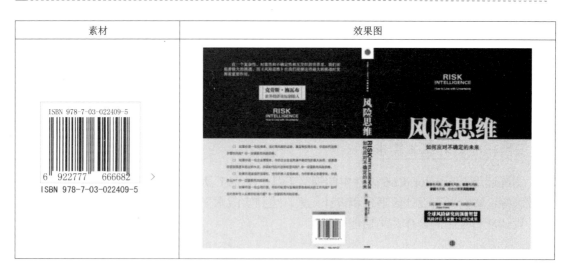

素材	效果图

■岗位核心素养的技能技术需求

掌握标尺、参考线、矩形工具等的使用方法；了解采用颜色的强烈反差来体现设计主题的技巧，掌握财经类书籍的封面设计方法。

任务实施

1）正封制作。启动 Illustrator CS6 软件，按 Ctrl+N 组合键，弹出"新建文档"对话框，参数设置如图 7-1-1 所示，单击"确定"按钮。

制作"风险思维"封面

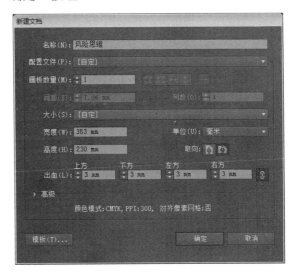

图 7-1-1 新建"风险思维"文档

提 示

对于设置的尺寸，封面宽度＝正封宽度（170mm）＋封底宽度（170mm）＋书脊宽度（13mm）＝353mm，封面高度＝封面高度（230mm）＝230mm，出血设置为 3mm。

2）按组合键 Ctrl+R，用标尺将空白文档划分为 3 部分，如图 7-1-2 所示。

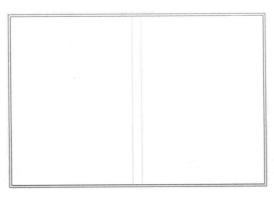

图 7-1-2 划分空白文档

3）设置填充颜色为黑色，描边颜色为无，使用矩形工具沿出血线绘制一个高为 104mm 的黑色矩形置于顶部；设置填充颜色为 CMYK（0，0，100，0），描边颜色为无，使用矩形工具绘制一个高为 126mm 的黄色矩形作为封面背景置于底部，如图 7-1-3 所示。

图 7-1-3　设置背景

4）使用文字工具在正封输入"风险思维""RISK""INTELLIGENCE""How to live with uncertainty""如何应对不确定的未来""股市有风险、投资有风险、职场有风险""家庭有风险、你迫切需要风险思维""[英]迪伦·埃文斯◎著石晓燕◎译""全球风险研究的顶级智慧，风险评估专家数十年研究成果"，在"字符"和"颜色"面板设置字符的属性，并调整其大小和位置。

5）设置填充颜色为CMYK（20，100，100，0），描边颜色为无，绘制一个正圆形，如图 7-1-4 所示。

6）复制正圆形，设置描边颜色为白色，描边粗细为 10pt，调整其大小和位置，如图 7-1-5 所示。

7）使用钢笔工具绘制路径，如图 7-1-6 所示，并设置路径的颜色和粗细。

图 7-1-4　绘制正圆形

图 7-1-5　复制圆并进行设置

图 7-1-6　钢笔工具绘制标志

8）选中黑色路径，选择"对象"→"变换"→"对称"命令，在弹出的"镜像"对话框中设置相应的参数，如图 7-1-7 所示，单击"复制"按钮，效果如图 7-1-8 所示。

图 7-1-7　"镜像"对话框参数设置

图 7-1-8　镜像效果

9）选中 2 个黑色路径，删除部分锚点，如图 7-1-9 所示。

10）按住 Shift 键，选择上部分开口处的两锚点，右击，在弹出的快捷菜单中选择"连接"命令，使用相同的方法连接下方和开口处两锚点，效果如图 7-1-10 所示。

11）将连接后的图形放置在标志的合适位置，设置其填充颜色和描边颜色均为白色，如图 7-1-11 所示，将文件保存为"1.ai"，正封标志制作完成。

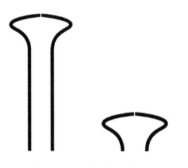

图 7-1-9　删除锚点前后　　　　图 7-1-10　连接锚点　　　图 7-1-11　正封标志制作效果

12）在正封中置入设计好的标志"1.ai"，调整大小和位置，输入"中信出版社·CHINA CITICPRESS"。

13）书脊部分制作。使用矩形工具和钢笔工具绘制股票走势标志，如图 7-1-12 所示，将其放至书脊的下方。

14）在书脊处导入正封中制作的标志，输入相应的文字并进行排版，效果如图 7-1-13 所示。

图 7-1-12　绘制股票走势标志　　　　　　图 7-1-13　正封和书脊制作效果

15）底封制作。使用文字工具输入相应的文字，并进行排版。

16）在底封的右下角处插入素材"2.ai"，在该序列号的上方插入一个矩形框，填入相应内容，在该序列号下方标注价格，效果如图7-1-14所示。

17）将制作好的文件保存为"风险思维.ai"，最终效果如图7-1-15所示。

图 7-1-14　插入条形码并标注价格

图 7-1-15　"风险思维.ai"最终效果

任务小结

本任务运用矩形工具、文字工具、标尺、参考线、钢笔工具等，并结合黑色和黄色的强烈反差碰撞，体现出"风险"的特性。

任务 7.2　教程类——《数字影音编辑与合成》装帧设计

岗位需求描述

《数字影音编辑与合成》是中等职业学校数字媒体技术应用专业及相关方向的基础教材，也可作为各类计算机动漫培训班教材，还可供计算机动漫从业人员参考。本任务要实现该教材的装帧设计，要求在排版上体现教材的严谨性。

设计理念思路

《数字影音编辑与合成》是中等职业教育"十三五"规划系列教材，在封底需要将其相关教材列举出来，需要大量文字，排版要注意统一性。本书以蓝色为基准色调，在文字和图片排版上协调配合，在图片选择上力求有一定的动感效果。

素材与效果图

素材	效果图

岗位核心素养的技能技术需求

掌握蒙版、剪切路径等的使用方法，了解文字分栏效果的设置方法。

任务实施

1）启动 Illustrator CS6 软件，按组合键 Ctrl+N，弹出"新建文档"对话框，参数设置如图 7-2-1 所示，单击"确定"按钮。

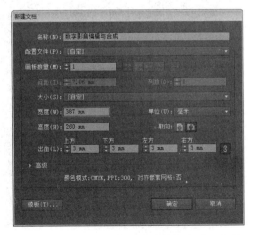

制作"数字影音编辑与合成"封面　　　　图 7-2-1　新建"数字影音编辑与合成"文档

提 示

对于设置的尺寸，封面宽度=正封宽度（187mm）+封底宽度（187mm）+书脊宽度（13mm）=387mm，封面高度=封面高度（260mm）=260mm，上、下、左、右的出血设为3mm。

2）按组合键 Ctrl+R，用标尺将空白文档划分为 3 部分，如图 7-2-2 所示。

3）使用矩形工具绘制一个矩形，双击渐变工具，在"渐变"面板中设置渐变类型为径向，在 0%位置处，设置渐变色为 CMYK（0，0，9，5），不透明度为 0%，在 100%位置处，设置渐变色为 CMYK（16，0，0，0），不透明度为 95%，效果如图 7-2-3 所示。

4）正封制作。在正封处沿出血线绘制一个宽度为 140mm 的矩形，设置填充颜色为 CMYK（85，50，0，0），如图 7-2-4 所示。

　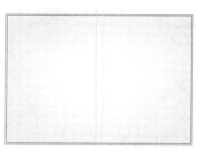　

图 7-2-2　划分空白文档　　　　图 7-2-3　绘制背景　　　　图 7-2-4　绘制背景图案

5）选择"文件"→"置入"命令，弹出"置入"对话框，在离正封下底沿 60mm 处置入素材文件夹中的"1.jpg"，选中置入的素材，单击工具栏中的"蒙版"按钮，再单击"编辑剪切路径"按钮，设置描边颜色为白色，描边粗细为 5pt，效果如图 7-2-5 所示。

图 7-2-5　编辑剪切路径

6）设置填充颜色为无，描边颜色为 CMYK（85，51，0，0），描边粗细为 10pt，使用钢笔工具绘制一个直角，如图 7-2-6 所示。

7）选中直角，选择"对象"→"路径"→"轮廓化描边"命令，使用删除锚点工具删除内侧的锚点，效果如图 7-2-7 所示。

图 7-2-6 绘制直角   图 7-2-7 删除内侧的锚点

8）复制、旋转步骤 7）中所得对象，将两个直角分别放置在图片的右上角和右下角，效果如图 7-2-8 所示。

9）使用文字工具输入书名及其他文字，置入素材文件夹中的"2.ai"文件和"3.ai"文件，并调整其大小和位置，效果如图 7-2-9 所示。

图 7-2-8 复制、旋转对象   图 7-2-9 输入文字并置入素材

10）书脊部分制作。书脊区域分为上、中、下 3 部分，上面部分为"十三五"规划教材等字样及标志；中间部分为书名；下面部分为出版社标志和出版社。导入正封中的素材文件，并输入相应数字，效果如图 7-2-10 所示。

11）底封制作。在底封对系列教材进行分类排版，在底部加入素材文件夹中的"二维码.ai"文件和"书序号.ai"文件，并标注其价格，如图7-2-11所示。

图 7-2-10　书脊部分制作　　　　　　　　　　　图 7-2-11　底封制作

12）将制作好的文件保存为"数字影音编辑与合成.ai"，最终效果如图7-2-12所示。

图 7-2-12　"数字影音编辑与合成.ai"最终效果

任务小结

本任务运用标尺、参考线、渐变工具、钢笔工具、文字工具、蒙版等，并对底封的文字进行了合理的排版，完成了本任务的设计制作。

任务 7.3 小说类——《无憾青春》装帧设计

■ 岗位需求描述

《无憾青春》是一部都市青春校园小说，封面设计需要传递青春气息，表达文章主体思想。设计者需要通过符号、图形和文字将作者的创作思想表现出来，使其构成尽可能的完美作品。

■ 设计理念思路

本任务采用图文结合的现代简约图形的设计，色彩上采用橘红色作为底色，与读者群体的年龄相适应，又寓意青春的青涩滋味。调整标题的字体，改变中规中矩的字体形象，使其更适合读者年龄段；封面图形采用骑单车的小女孩，整个设计衬托了本书的主题和内容。

■ 素材与效果图

素材	效果图

岗位核心素养的技能技术需求

掌握对文字进行轮廓化描边处理的方法；掌握采用多层重叠和移位产生立体效果的方法；掌握使用钢笔工具改变字体的形状，以产生个性化的字体的方法；能根据阅读者的年龄，设计出符合该年龄段的个性封面。

任务实施

1）正封制作。启动 Illustrator CS6 软件，按组合键 Ctrl+N，弹出"新建文档"对话框，参数设置如图 7-3-1 所示，单击"确定"按钮。

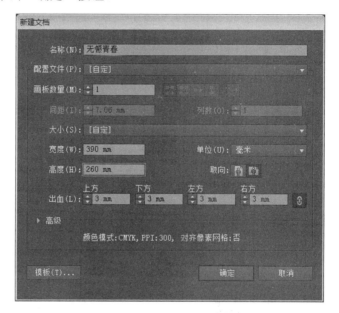

制作"无憾青春"封面

图 7-3-1　新建"无憾青春"文档

 提　示

对于设置的尺寸，封面宽度=正封宽度（185mm）+封底宽度（185mm）+书脊宽度（20mm）=390mm，封面高度=封面高度（260mm）=260mm，上、下、左、右的出血设为 3mm。

2）按组合键 Ctrl+R，用标尺将空白文档划分为 3 部分，如图 7-3-2 所示。

3）设置填充颜色为 CMYK（2，11，76，0），描边颜色为无，使用矩形工具绘制一个矩形覆盖正封；使用相同的方法，绘制一个矩形覆盖底封，并设置填充颜色为 CMYK（0，21，96，0）；绘制一个矩形覆盖书脊，并设置填充颜色为 CMYK（78，44，0，0），如图 7-3-3 所示。

图 7-3-2　划分空白文档

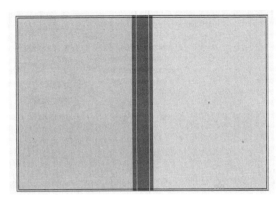

图 7-3-3　背景设置

4）锁定背景层，新建一个图层并命名为"正封"，使用横排文字工具输入"无憾青春"，设置字体为黑体，字号为 90pt，填充颜色为 CMYK（85，50，0，0），描边颜色为无。

5）选中字体，右击，在弹出的快捷菜单中选择"创建轮廓"命令，再次右击，在弹出的快捷菜单中选择"取消编组"命令，并调整位置，如图 7-3-4 所示。

6）使用直接选择工具选择相应的锚点，调整"无"字锚点如图 7-3-5 所示。

图 7-3-4　创建轮廓

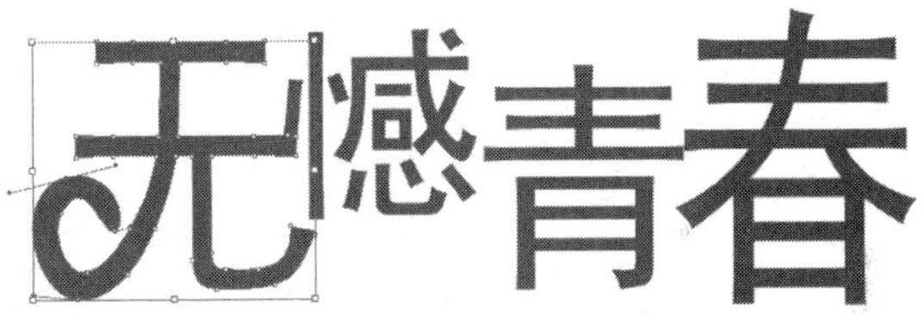

图 7-3-5　调整锚点

7）使用矩形工具在"青"字适当位置绘制一个矩形，并将其置于顶层，如图 7-3-6 所示。

图 7-3-6　处理字体

8）按住 Shift 键，同时选中"青"字的下面部分和黄色矩形，单击"路径查找器"面板中的"减去顶层"按钮，再使用删除锚点工具删除对应的锚点，如图 7-3-7 所示。

图 7-3-7　减去顶层

9）使用钢笔工具在"青"字上画一个对钩，如图 7-3-8 所示。

10）选中所有的字，将其进行组合，然后选择"对象"→"路径"→"轮廓化描边"命令，效果如图 7-3-9 所示。

图 7-3-8　在"青"字上画对钩 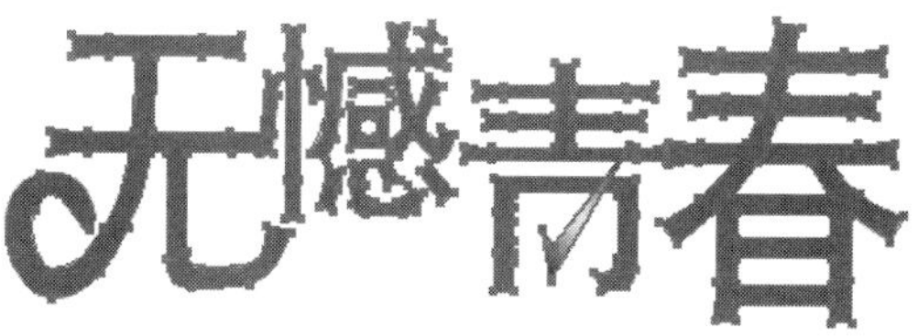　　　　　　　　　　　　　图 7-3-9　轮廓化描边

11）将"无憾青春"复制两次，对其中的一个图形进行描边，设置描边颜色为黑色，描边粗细为 30pt；选择"效果"→"模糊"→"高斯模糊"命令，在弹出的"高斯模糊"对话框中设置复制的另一个图形的描边颜色为白色，描边粗细为 12pt，如图 7-3-10 所示。

图 7-3-10　描边设置

12）调整两个图形的大小，将未进行模糊操作的图形置于另一图形上面，效果如图 7-3-11 所示。

13）使用相同的方法，制作两边的翅膀图形，效果如图 7-3-12 所示。

图 7-3-11　调整层次顺序

图 7-3-12　翅膀图形设计

14）置入素材"1.jpg"，在"透明度"面板中，设置混合模式为正片叠加，选择"效果"→"风格化"→"羽化"命令，在弹出的"羽化"对话框中设置半径为 4mm，去掉边缘一些部分，效果如图 7-3-13 所示。

15）输入出版社及作者，完成正封和书脊制作，如图 7-3-14 所示。

图 7-3-13　设置混合模式　　　　　　　图 7-3-14　正封、书脊制作效果

16）底封制作。复制正封设计好的字体"无憾青春"并将其放至底封，修改描边颜色，调整描边粗细，如图 7-3-15 所示。

图 7-3-15　复制并修改字体

17）置入素材"2.jpg"，在"透明度"面板中设置混合模式为正片叠加；置入素材"条形码.tif"，并标注价格，效果如图 7-3-16 所示。

图 7-3-16　底封制作效果

18）至此，已完成全部设计，保存文件，最终效果如图 7-3-17 所示。

图 7-3-17　"无憾青春"最终效果

·任务小结·

本任务运用标尺、直接选择工具、钢笔工具、轮廓化描边操作等,设计出了具有创意性的字体。

任务 7.4 历史地理类——《游古镇看窑湾》装帧设计

■岗位需求描述

书籍的封面不仅起到保护书籍、表现书籍内容的作用,而且能起到美化书籍的作用,给读者带来美的享受。《游古镇看窑湾》既可作为古镇的历史人文介绍,又可作为旅游宣传之用,在对其进行装帧设计时应采用各种图形、文字等体现出地域特色和风俗民宿。

■设计理念思路

古镇街巷独具一格,院舍青砖灰瓦,楼阁亭台交错,房顶飞檐翘角,充分体现了街曲巷幽、宅深院大、过街楼碉堡式等特色,所以整个版面以灰瓦为色调,标志的主体形象为粮仓和大运河。本设计以宣传为主,所以围绕地域特色进行封面设计,聚集的圆既可代表水波又可代表粮食米粒,契合主题,使人印象深刻。

■素材与效果图

素材	效果图

岗位核心素养的技能技术需求

掌握处理素材的方法，包括实时描摹、扩展、复制、旋转、变换大小、修改透明度；运用裁剪操作将整体分离；了解景点所在地的历史文化及有代表性的景点等，并能灵活地将它们表现出来。

任务实施

1）启动 Illustrator CS6 软件，按组合键 Ctrl+N，弹出"新建文档"对话框，参数设置如图 7-4-1 所示，单击"确定"按钮。

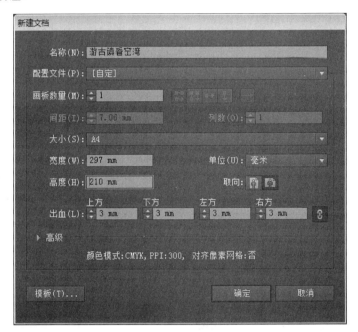

制作"游古镇看窑湾"封面

图 7-4-1　新建"游古镇看窑湾"文档

 提 示

对于设置的尺寸，封面宽度=正封宽度（145mm）+封底宽度（145mm）+书脊宽度（7mm）=297mm，封面高度=封面高度（210mm）=210mm，上、下、左、右的出血设为 3mm。

2）按组合键 Ctrl+R，用标尺将空白文档划分为 3 部分。使用矩形工具绘制一个矩形，填充颜色 CMYK（40，65，90，35），将其沿出血线置于左部分；绘制另一个矩形，填充颜色 CMYK（8，9，15，0），置于右部分；再绘制一个矩形，填充白色，置于第一个矩形内，位置如图 7-4-2 所示。

3）素材处理部分。打开素材"1.ai"，用吸管工具吸取其颜色 CMYK（40，70，100，50）保存到"色板"面板中，如图 7-4-3 所示。

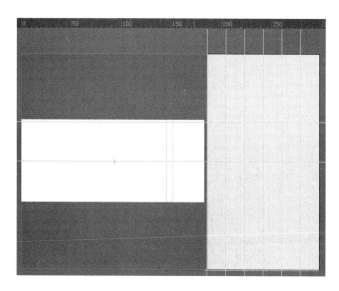

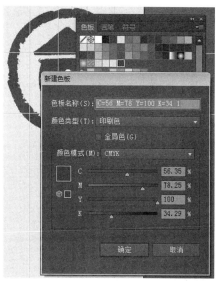

图 7-4-2 设置背景   图 7-4-3 吸取颜色并保存

4）选中素材图像，单击"实时描摹"按钮。再选中该图像，单击"扩展"按钮，效果如图 7-4-4 所示。

5）选中扩展后的图像，右击，在弹出的快捷菜单中选择"取消编组"命令，删除中间多余部分，将刚才在"色板"面板中保存的颜色应用到外框中，效果如图 7-4-5 所示。

图 7-4-4 扩展   图 7-4-5 取消编组并改变颜色

6）选中外框，进行复制、旋转、变换大小、修改透明度等操作，并将它们进行组合，如图 7-4-6 所示，并设置其宽为 45mm。

7）将图形分割为 3 块宽度相等的图形，使用矩形工具绘制一个宽为 15mm 的矩形，并放置在图形上，同时选中两个图形，如图 7-4-7 所示，单击"路径查找器"面板中的"裁剪"按钮 ，效果如图 7-4-8 所示。

8）使用相同的方法处理素材"1.ai"，效果如图 7-4-9 所示。

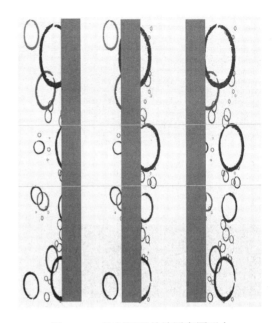

图 7-4-6　复制、旋转、变换、修改透明度后
所得图形

图 7-4-7　绘制矩形并放置在图形上

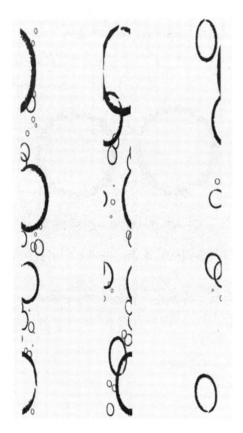

图 7-4-8　裁剪后结果

图 7-4-9　裁剪素材文件

9）将裁剪后的两个图形放置于正封背景相应的位置，效果如图 7-4-10 所示。

图 7-4-10　正封背景效果

10）在相应的位置输入文字，置入相应的素材，并调整其大小和位置，最终效果如图 7-4-11 所示。

图 7-4-11　"游古镇看窑湾"最终效果

任务小结

本任务运用椭圆工具、裁剪工具、文字工具、实时描摹、扩展等，巧妙地设计出了图形的离合效果。

项 目 测 评

测评 7.1 《化妆美容》装帧设计

■设计要求

现要为某出版社的书籍《化妆美容》进行装帧设计，此书为中等职业学校美容美发专业系列教材之一，要求能够简洁地突出图书的特性，并以一定数量的精美图形作为图书的装饰，总体不能过分花哨。

制作"化妆美容"封面

■素材与效果图

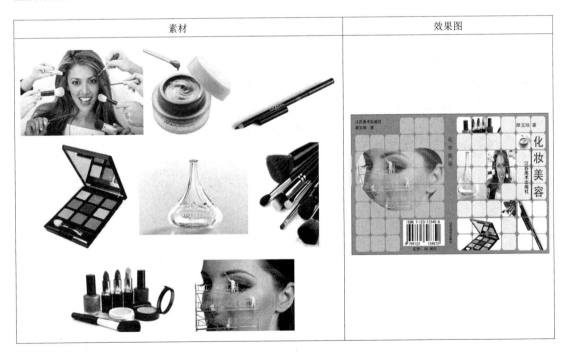

素材	效果图

测评 7.2 《童话故事》装帧设计

设计要求

色彩是书籍装帧设计重要的艺术语言，它与构图、造型及其他表现语言相比更加具有视觉冲击力，可以烘托一种情绪和氛围。《童话故事》丛书专门供 1～4 岁的宝宝使用，在进行装帧设计时需要采用夸张、精美的插图，浅显、生动的语言，以体现丛书的特点。

制作"童话故事"封面

素材与效果图

素材	效果图

项目 8

饮食包装设计

学习目标

能利用 Illustrator CS6 软件的多种工具进行饮食包装的设计，了解食品包装盒状、袋状、瓶状等的设计平面展开图和立体包装效果图的设计思路与制作流程，提高色彩、版面的设计能力。

知识准备

了解产品包装的基本原理、展开图与立体图的设计步骤，掌握形式美感的原则，具备分析客户特点、制定设计方案、收集整理设计素材等技能。

项目核心素养基本需求

熟练应用 Illustrator CS6 软件中的矩形工具、文字工具、标尺、参考线、镜像工具、"图层"面板、渐变工具等；掌握包装设计的尺寸原理；有较强的审美及设计意识；具备过硬的专业知识。

任务 8.1　抽纸盒包装设计

▊岗位需求描述

现有某纸盒品牌推出家庭用的抽纸，需设计新的抽纸盒包装，以促进销售。

▊设计理念思路

抽纸盒是纸盒的包装结构、包装形态与包装艺术的结合，既实用又美观。客户的品牌标志是皇冠，主打雍容华贵之感，因此本任务的设计色彩以灰、金、棕 3 种颜色为主，衬托出该品牌的高级感，达到客观的制作效果。

▊素材与效果图

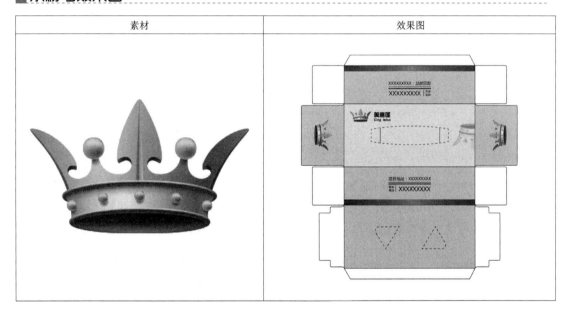

素材	效果图

▊岗位核心素养的技能技术需求

掌握"路径查找器"面板、描边与剪切蒙版的应用方法。

┌任务实施┐

1. 绘制抽纸盒整体

1）使用矩形工具绘制矩形，设置填充颜色为 CMYK（4，8，24，0），描边颜色为黑色，如图 8-1-1 所示。

制作抽纸包装盒

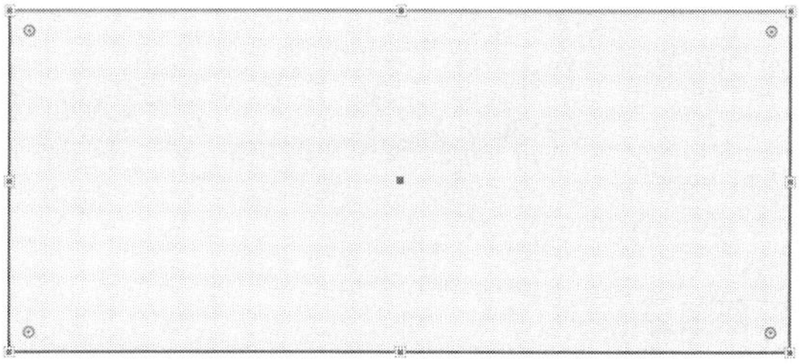

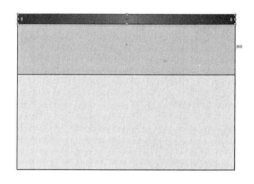

图 8-1-1 绘制矩形并填充颜色

2）绘制盒身侧面，设置填充颜色为 CMYK（16，14，19，0），描边颜色为黑色，如图 8-1-2 所示。

3）添加色条，并填充由 CMYK（37，69，99，46）到 CMYK（29，40，69，0）的线性渐变，设置描边颜色为黑色，如图 8-1-3 所示。

图 8-1-2 绘制侧面矩形并填充颜色

图 8-1-3 绘制渐变色条

4）绘制折角边，使用矩形工具绘制矩形，使用直接选择工具调整两个锚点，设置填充颜色为白色，描边颜色为黑色，如图 8-1-4 所示。

5）复制步骤 4）中完成的图形，将其旋转 180°，并调整位置，如图 8-1-5 所示。

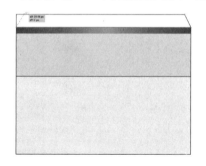

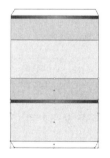

图 8-1-4 绘制折角边

图 8-1-5 复制并旋转

6）使用矩形工具绘制左侧边，并填充颜色，调整圆角半径为 2px，完成后使用镜像工具复制，将复制的图形放置在右侧合适的位置，如图 8-1-6 所示。

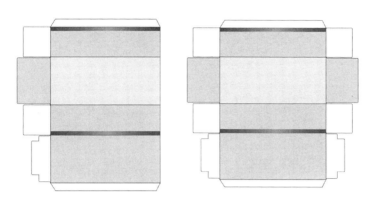

图 8-1-6 绘制左侧区域并反向复制至右侧

2. 绘制细节

1）绘制抽纸口的切口位置，设置虚线间隙为 6pt，使用椭圆工具绘制椭圆，使用矩形工具在左右两侧相同的位置绘制相同的矩形，单击"路径查找器"面板中的"减去顶层"按钮，效果如图 8-1-7 所示。

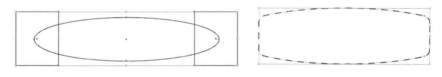

图 8-1-7 绘制纸巾盒切口

2）绘制下方缺口，使用钢笔工具绘制一个三角形，在三角形的一角绘制圆角，单击"路径查找器"面板中的"减去顶层"按钮，绘制好后复制该图形并将其旋转 180°，得到图 8-1-8 所示图形。

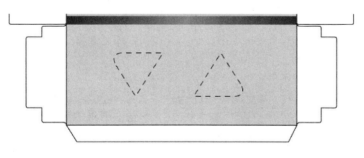

图 8-1-8 绘制下方的切口

3）置入"皇冠.ai"素材，放置在合适的位置，并使用文字工具输入相关文字，调整好位置进行保存，如图 8-1-9 所示。

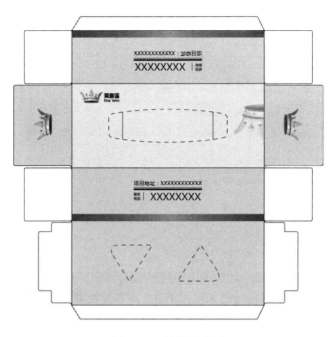

图 8-1-9 最终完成图

任务小结

本任务运用钢笔工具进行包装盒的绘制，并将品牌 Logo 嵌入底纹图案，同时利用字符工具使文字很好地融合进包装盒中，最终完成制作。

任务 8.2 月饼包装盒设计

岗位需求描述

本任务设计的月饼包装盒，需要图文搭配合理，色彩丰富，具有传统节日气氛的象征。制作时尺寸为 20cm×20cm，外观以深红颜色为主，盒面正中央要有嫦娥奔月图案，盒体展开要呈上下、左右对称的形式，设计要合理、美观。

设计理念思路

月饼最初是用来祭奉月神的祭品，现已成为节日的必备礼品。本任务主要设计月饼包装盒的外包装，以正方形为主要形状，添加嫦娥奔月的图片，衬托中秋的节日气氛。色彩以红色为主色调，表现节日的喜庆和吉祥，并添加各色花团，呈现一种富贵的氛围。

素材与效果图

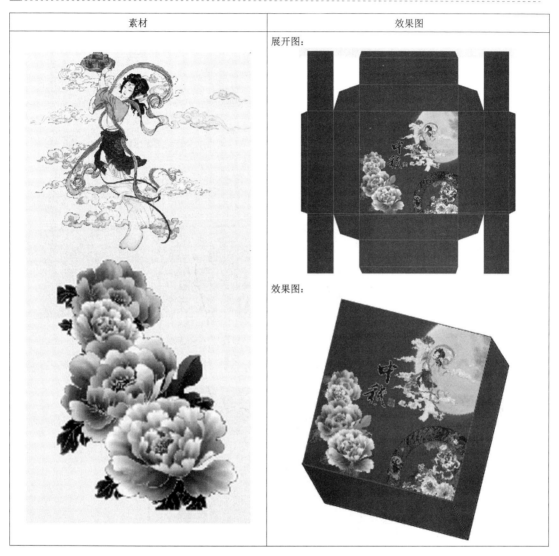

素材	效果图
	展开图： 效果图：

岗位核心素养的技能技术需求

　　掌握采用上下、左右对称的原理来制作方形盒展开效果的方法，掌握矩形工具、直接选择工具、标尺、参考线、镜像工具、"图层"面板、渐变工具等的使用方法，并能结合尺寸的计算及色彩渐变的使用，突出主题。

任务实施

1. 新建文档

1）启动 Illustrator CS6 软件，按组合键 Ctrl+N，弹出"新建文档"对话框，参数设置如图 8-2-1 所示，单击"确定"按钮。

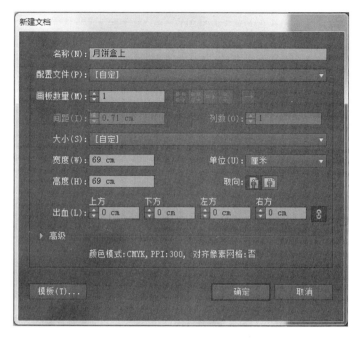

制作月饼包装盒

图 8-2-1　创建"月饼盒上"文档

2）选择"视图"→"标尺"→"显示标尺"命令，显示标尺，如图 8-2-2 所示。

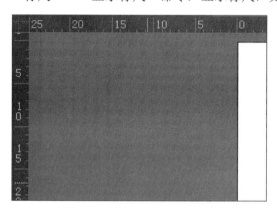

图 8-2-2　显示标尺

2. 页面参考线的设计与使用

1）为页面添加 6 条垂直方向的参考线，分别选中参考线，在"控制"面板的"X 值"编辑框中输入数值 2cm、12cm、22cm、47cm、57cm、67cm，效果如图 8-2-3 所示。

图 8-2-3　垂直方向参考线的设置

2）将光标移动至水平与垂直相交的左上角处，按住鼠标左键，拖动标尺的原点将其定位到画板的左下角（水平与垂直相交处），效果如图 8-2-4 所示。

3）为页面添加 6 条水平方向的参考线，分别选中参考线，在"控制"面板的"Y 值"编辑框中输入数值 2cm、12cm、22cm、47cm、57cm、67cm，效果如图 8-2-5 所示。

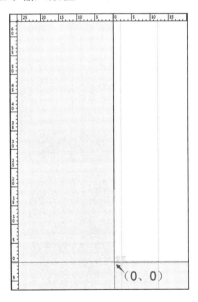

图 8-2-4　定位原点

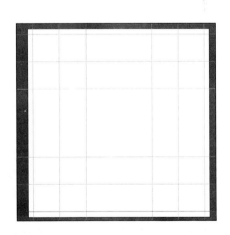

图 8-2-5　水平方向参考线的设置

3．设计展开图，创建矩形

1）使用矩形工具在页面正方形区域对齐参考线绘制一个矩形，并设置填充颜色为红色，边框为黄色，描边粗细为 1pt，如图 8-2-6 所示。

2）继续使用矩形工具在正方形上方对齐参考线依次绘制 3 个矩形，并设置填充颜色为红色，边框为黄色，描边粗细为 1pt，如图 8-2-7 所示。

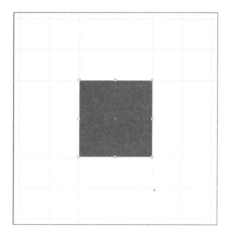

图 8-2-6　绘制矩形

图 8-2-7　创建矩形

3）使用直接选择工具对最小矩形的锚点进行调整，如图 8-2-8 所示。

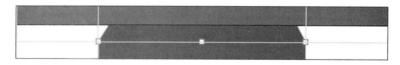

图 8-2-8　调整锚点

4）按住 Shift 键，依次选择 3 个矩形，选择"对象"→"变换"→"对称"命令，弹出"镜像"对话框，参数设置如图 8-2-9 所示。将镜像的图形移到下方合适的位置，效果如图 8-2-10 所示。

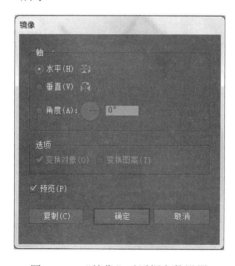

图 8-2-9　"镜像"对话框参数设置

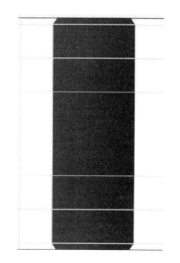

图 8-2-10　移到后效果

5）使用矩形工具对齐参考线创建 3 个矩形，如图 8-2-11 所示。

6）使用直接选择工具对矩形的锚点的位置进行调整，调整后如图 8-2-12 所示。

图 8-2-11 创建矩形

图 8-2-12 调整锚点

7）按住 Shift 键，依次选择创建的 3 个矩形，选择"对象"→"变换"→"对称"命令，弹出"镜像"对话框，参数设置如图 8-2-13 所示。将镜像的图形移到右方合适的位置，效果如图 8-2-14 所示。

图 8-2-13 "镜像"对话框参数设置

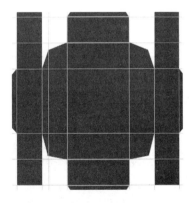

图 8-2-14 调整图形位置

提 示

通常在使用设计软件时，如果以某对象（线、图形等）为参考，左右或上下的图形相同（类似），可以使用水平或垂直镜像来完成制作，以节省时间。

4. 图层的应用

1）在"图层"面板新建 4 个图层，分别将素材"月亮.ai""文字.ai""花朵.ai""盘子.ai"置入图层中，如图 8-2-15 所示。

2）在页面区域调整图片位置，如图 8-2-16 所示。

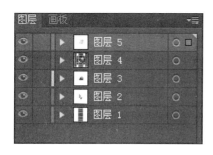

图 8-2-15　新建图层并置入素材

图 8-2-16　调整图片位置

3）按组合键 Ctrl+G，对图形进行编组，使用渐变工具对其进行线性渐变填充，渐变参数设置如图 8-2-17 所示。

4）使用渐变工具，从左下角向右上角拖动鼠标，并调整滑块观察效果，最终效果如图 8-2-18 所示。使用同样的方法制作下盖。

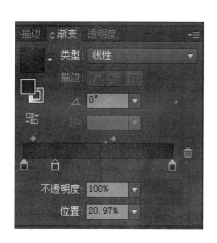

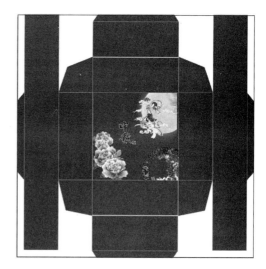

图 8-2-17　渐变参数设置

图 8-2-18　"月饼包装盒"最终效果

任务小结

本任务运用矩形工具、直接选择工具、标尺、参考线、镜像工具、"图层"面板等，并结合渐变工具，设计出了喜庆、大方的月饼盒，加上图文的衬托，更显节日的气氛。

任务 8.3　茶叶包装盒设计

▋岗位需求描述

　　中国茶文化历史悠久，是节日的馈赠佳品。本任务主要设计制作红茶的外包装，体现出古香古色的红茶气韵。制作时尺寸大小为 25cm×15cm，外观以紫红颜色为主，盒正面底部有兵马俑铜车图案，盒正面顶部有红茶图案，盒体展开要呈 1、3 面对称的形式，设计要合理、美观。

▋设计理念思路

　　中国茶文化是指中国制茶、饮茶的文化，饮茶始于中国，著名的茶有碧螺春、铁观音、野山茶等。本任务主要设计茶叶的外包装，以长方形为主要形状，以兵马俑的图片为素材，衬托出古香古色的气氛。色彩以紫红色为主色调，突出品茶的文化和优雅。

▋素材与效果图

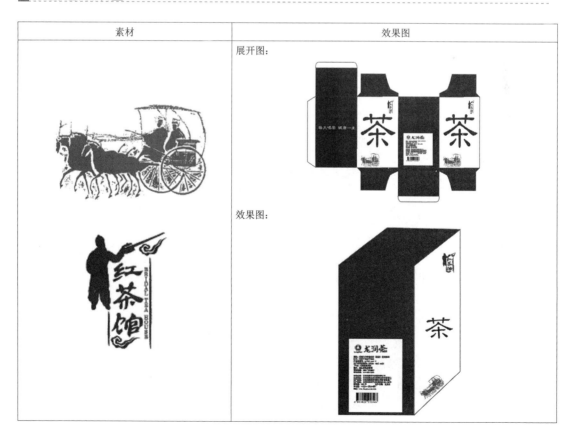

素材	效果图

岗位核心素养的技能技术需求

了解 1、3 面对称的原理；掌握矩形工具、文字工具、标尺、参考线、镜像工具、钢笔工具的综合使用方法，对文字进行处理，以达到最终效果。

任务实施

1. 新建文件并设置参考线

1）启动 Illustrator CS6 软件，按组合键 Ctrl+N，弹出"新建文档"对话框，参数设置如图 8-3-1 所示，单击"确定"按钮。

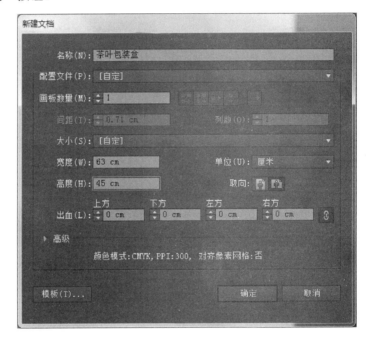

制作茶叶包装盒

图 8-3-1　创建"茶叶包装盒"文档

 提　示

通常在包装设计中，单位是以 cm 为标准的，宽度和高度的参数都符合人们的实际生活需求。

2）选择"视图"→"标尺"→"显示标尺"命令，将标尺打开。

3）为页面添加 4 条垂直方向的参考线，分别选中参考线，在"控制"面板的"X 值"编辑框中输入数值 3cm、18cm、33cm、48cm，效果如图 8-3-2 所示。

4）将光标移动至水平与垂直相交的左上角处，按住鼠标左键，拖动标尺将其原点定位到画板的左下角（水平与垂直相交处）。

5）为页面添加 6 条水平方向的参考线，分别选中参考线，在"控制"面板的"Y 值"编辑框中输入数值 0cm、2cm、10cm、35cm、43cm、45cm，效果如图 8-3-3 所示。

图 8-3-2　垂直方向参考线的设置　　　　　图 8-3-3　水平方向参考线的设置

2. 设计展开图

1）使用矩形工具在页面正方形区域对齐参考线绘制 5 个矩形，并对矩形 2、4 填充颜色，参数如图 8-3-4 所示，描边粗细为 1pt；对矩形 1、3、5 填充白色，描边颜色如图 8-3-5 所示，描边粗细为 1pt，效果如图 8-3-6 所示。

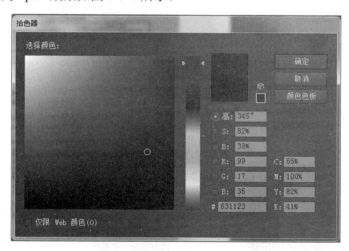

图 8-3-4　填充颜色参数设置

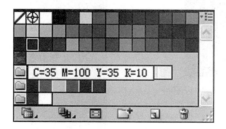

图 8-3-5　描边颜色参数设置

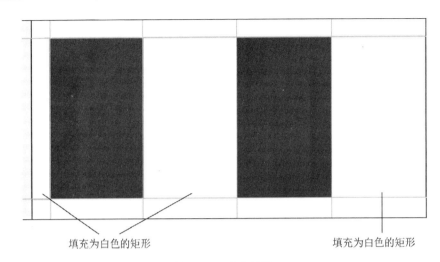

图 8-3-6   填充效果

2）使用直接选择工具对矩形 1 的锚点进行调整，如图 8-3-7 所示。

图 8-3-7   调整矩形 1 的锚点

3）使用矩形工具对齐参考线绘制矩形，并填充如图 8-3-4 所示的颜色，效果如图 8-3-8 所示。

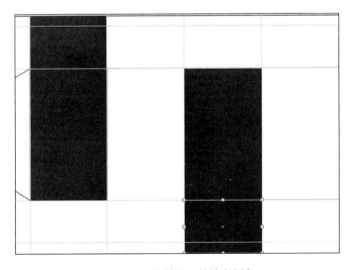

图 8-3-8   绘制矩形并填充颜色

4）使用钢笔工具对齐参考线绘制 2 个不规则图形，并对图形填充如图 8-3-4 所示的颜色，描边颜色与图 8-3-5 颜色设置相同，描边粗细为 2pt，效果如图 8-3-9 所示。

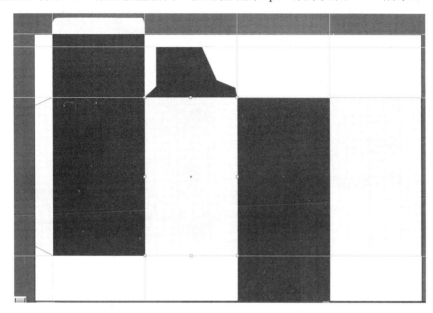

图 8-3-9　绘制不规则图形并填充颜色

5）按住 Shift 键，依次选中两个不规则图形，选择"对象"→"变换"→"对称"命令，弹出"镜像"对话框，参数设置如图 8-3-10 所示。将镜像的图形移到右方合适的位置，效果如图 8-3-11 所示。

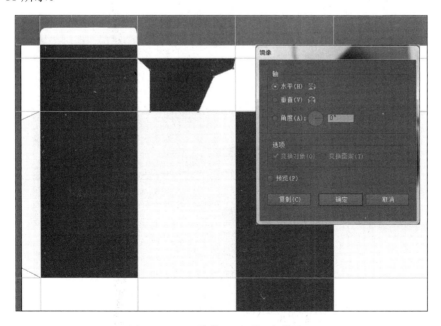

图 8-3-10　"镜像"对话框参数设置

图 8-3-11　调整镜像图形的位置

6）重复使用镜像中的水平镜像，调整位置如图 8-3-12 所示。

图 8-3-12　水平镜像

3. 导入图片及输入文字

1）选择"文件"→"置入"命令，弹出"置入"对话框，将素材"红茶图.ai""条形码.ai"
"俑车.ai"置入，将"红茶图.ai"和"俑车.ai"复制并调整好位置，如图 8-3-13 所示。

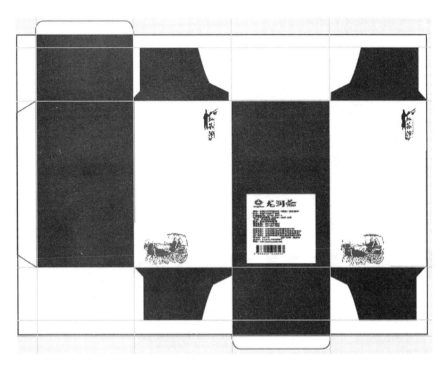

图 8-3-13　置入图片素材

2）使用文字工具输入"茶"，设置字体为长城中隶书，字体大小为 150pt，字体颜色同盒体色。使用文字工具输入"每天喝茶健康一生"，设置字体类型为长城中隶书，字体大小为 48pt，字体颜色为白色，并将其调整到合适的位置，如图 8-3-14 所示。

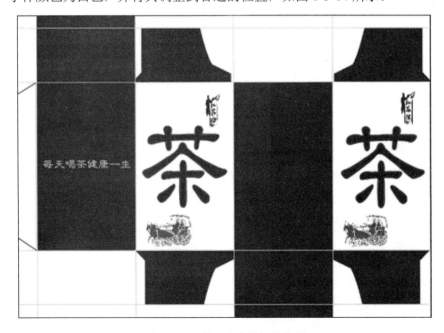

图 8-3-14　输入文字并调整位置

3）隐藏参考线，最终效果如图 8-3-15 所示。

图 8-3-15 "茶叶包装盒"最终效果

任务小结

本任务运用矩形工具、标尺、参考线、镜像工具、钢笔工具等，并结合文字工具，对盒体进行色彩的统一搭配，提高视觉冲击力。

任务 8.4 杏仁酥包装盒设计

■ 岗位需求描述

本任务是对中山特产杏仁酥外包装的设计制作。通过对传统文化元素在土特产包装中的整合运用，体现其地方性、便捷性、独特性。在设计包装之前重点对产品销售、消费等方面进行调查了解。通过运用传统文化的经济功能，营造使用价值及文化附加值，提高其知名度。

■ 设计理念思路

包装盒以标准版面排列，用参考线留出出血位。通过文字、图形的变换，从平面图中营造立体的效果，加强真实感。整体以绿色和棕色为主色调，绿色体现环保，棕色体现杏仁饼的浓香效果，运用色彩心理诱发人们的购买欲望，促进销售。

■**素材与效果图**

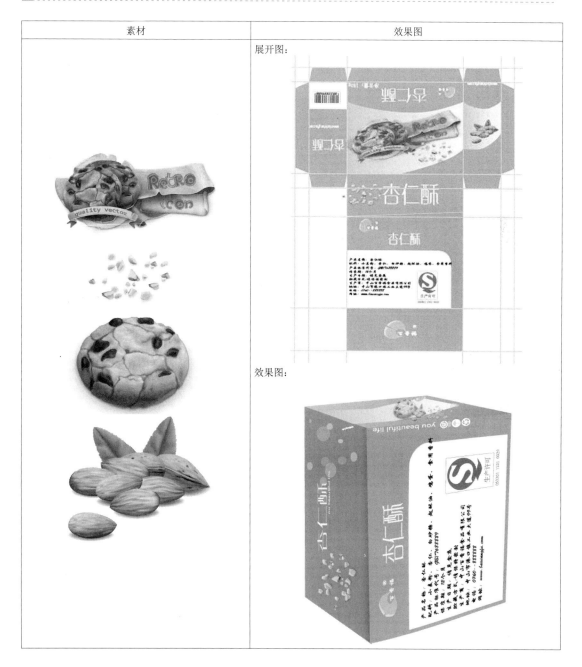

素材	效果图

展开图：

效果图：

■**岗位核心素养的技能技术需求**

了解标准版面排列方法及出血位的设置方法，掌握矩形工具、文字工具、标尺、参考线、"图层"面板、直接选择工具等综合运用。

·任务实施·

1．新建文档

1）启动 Illustrator CS6 软件，按组合键 Ctrl+N，弹出"新建文档"对话框，参数设置如图 8-4-1 所示，单击"确定"按钮。

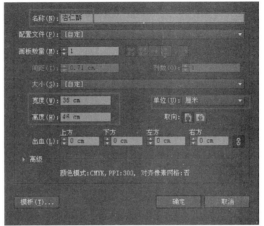

"杏仁酥"包装设计   图 8-4-1 创建"杏仁酥"文档

2）选择"视图"→"标尺"→"显示标尺"命令，将标尺打开。

3）添加 6 条垂直方向的参考线，分别选中参考线，在"控制"面板的"X 值"编辑框中输入数值 2cm、4cm、9.5cm、26.5cm、32cm、34cm；添加 6 条水平方向的参考线，在"控制"面板的"Y 值"编辑框中输入数值 4cm、10cm、23cm、28cm、41cm、43cm，效果如图 8-4-2 所示。

2．创建矩形，设计展开图

1）使用矩形工具对齐参考线绘制矩形，设置填充颜色为#84B22F，无边框，填充后的效果如图 8-4-3 所示。

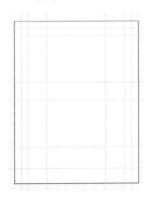

图 8-4-2 标尺设置完成图

8-4-3 绘制矩形

2）对齐参考线，使用相同的方法绘制其他 4 个矩形作为粘贴面，设置填充颜色为 #84B22F，描边颜色为无，效果如图 8-4-4 所示。

3）使用直接选择工具分别选中矩形 1 左侧的上下锚点，分别设置"Y 值"为 40cm、31cm，效果如图 8-4-5 所示。

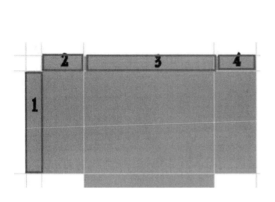

图 8-4-4　创建粘贴面

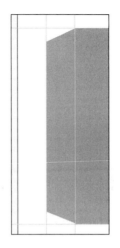

图 8-4-5　调整矩形 1 的锚点

4）选中矩形 1，右击，在弹出的快捷菜单中选择"变换"→"对称"命令，弹出"镜像"对话框，点选"垂直"和"角度"单选按钮，设置"角度"为 90°，单击"复制"按钮得到镜像图形，将其移到右方合适的位置，如图 8-4-6 所示。

5）使用相同的方法调整矩形 2 的锚点，设置"X 值"分别为 5cm、8.5cm。选中矩形 2，右击，在弹出的快捷菜单中选择"变换"→"对称"命令，弹出"镜像"对话框，点选"角度"单选按钮，设置"角度"为 90°，复制。在复制的图形上右击，在弹出的快捷菜单中选择"变换"→"旋转"命令，弹出"旋转"对话框，点选"角度"单选按钮，设置"角度"为 180°，单击"确定"按钮，将旋转的图形移到合适的位置。使用相同的方法调整矩形 4，如图 8-4-7 所示。

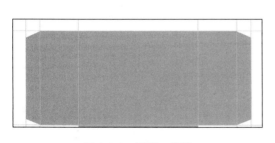

图 8-4-6　矩形 1 镜像

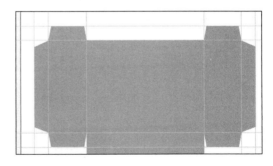

图 8-4-7　调整矩形 2、4

6）调整矩形 3 的锚点，设置"X 值"分别为 11.5cm、24.5cm，设置完成效果如图 8-4-8 所示。

图 8-4-8　粘贴面完成效果

3. 绘制图形，填充颜色

1）使用钢笔工具，色彩渐变设置如图 8-4-9 所示，绘制如图 8-4-10 所示的图形。使用直接选择工具，选择"对象"→"路径"→"添加锚点"命令，选中添加的锚点，单击"将所选锚点转换为平滑"按钮，将锚点转化为平滑，效果如图 8-4-11 所示。

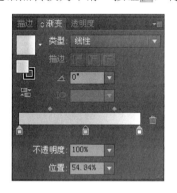

图 8-4-9　色彩渐变设置

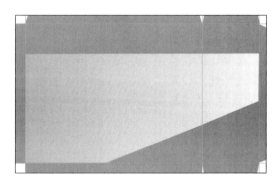

图 8-4-10　绘制图形

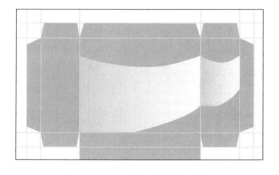

图 8-4-11　将锚点转换为平滑

提　示

可利用键盘上的"↑"或"↓"方向键，进行左右边框的对齐。

2）使用矩形工具，颜色设置为白色（#FFFFFF），无边框，选择右上角锚点进行平滑调整，如图 8-4-12 所示。

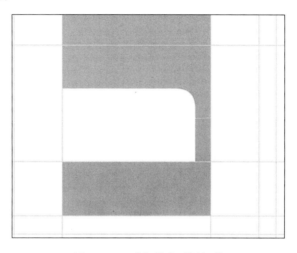

图 8-4-12　进行锚点平滑调整

4．添加图片和文字

1）在"图层"面板新建 4 个图层，分别将素材"条形饼.ai""单个饼 ai""杏仁 ai""产品说明 ai"置入图层中，并调整到适当位置，如图 8-4-13 所示。

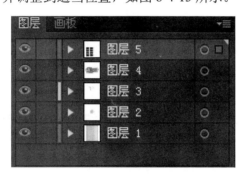

图 8-4-13　新建图层

2）使用文字工具，设置颜色为白色（#FFFFFF），无边框，字体为方正中倩，最终效果如图 8-4-14 所示。

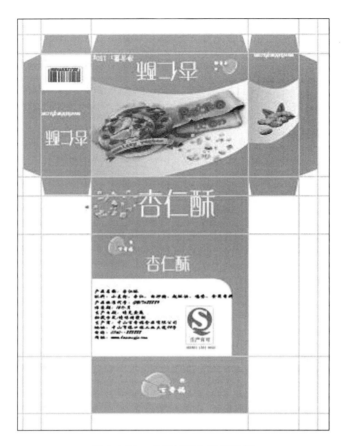

图 8-4-14 "杏仁酥"最终效果

任务小结

本任务运用矩形工具、标尺、"图层"面板、文字工具等对包装盒进行了对称式设计。高清食品图片刺激人们的味觉，在清新的绿色衬托下增加了卖点。

任务 8.5　瓶装玫瑰花粉包装设计

岗位需求描述

本任务是为瓶装玫瑰花粉进行的包装设计。玫瑰花粉可调理血气、促进血液循环、消除疲劳，是女性的养颜佳品。包装隐约透出玫瑰花粉瓶的轮廓、色彩，达到使代表女性色彩的粉色系与之协调统一的视觉效果。

设计理念思路

　　围合的条形设计包装采用玫瑰花的抽象处理图形，飘逸的图案让人联想到花粉传播的力量。色彩采用玫红色，通过改变透明度，体现虚实感。色调以暖色为主，突出食品的纯粹、营养；对字体进行创意设计，体现玫瑰的主题。

素材与效果图

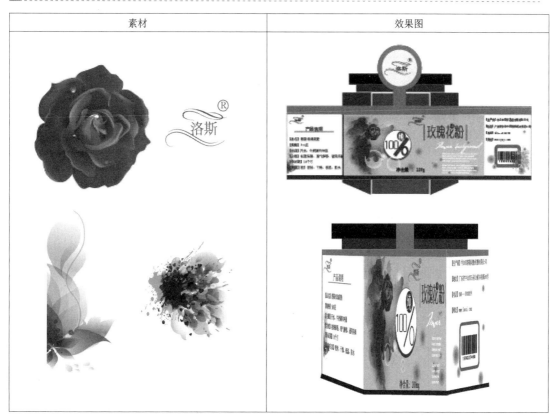

素材	效果图

岗位核心素养的技能技术需求

　　了解整体版面的设计概念，能使用椭圆工具、文字工具、标尺、参考线、文字创建轮廓等进行设计，能运用邻近红色的处理来突出层次。

任务实施

　　1. 新建文档，创建标尺

　　1）启动 Illustrator CS6 软件，按组合键 Ctrl+N，弹出"新建文档"对话框，参数设置如图 8-5-1 所示，单击"确定"按钮。

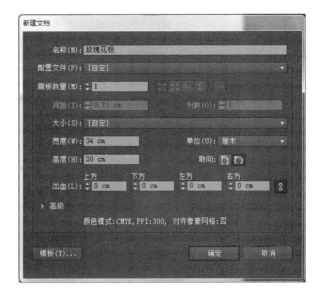

制作瓶装"玫瑰花粉"包装

图 8-5-1 创建"玫瑰花粉"文档

2）选择"视图"→"标尺"→"显示标尺"命令，将标尺打开。为页面添加 4 条垂直方向的参考线，分别选中参考线，在"控制"面板的"X 值"编辑框中输入数值 1cm、9cm、25cm、33cm，如图 8-5-2 所示。

图 8-5-2 垂直方向参考线的设置

3）进行标尺的原点定位，为页面添加 4 条水平方向的参考线，分别选中参考线，在"控制"面板的"Y 值"编辑框中输入数值 9cm、10cm、18cm、19cm，效果如图 8-5-3 所示。

图 8-5-3　水平方向参考线的设置

2. 绘制矩形并填充颜色

1）使用矩形工具在页面正方形区域对齐参考线绘制矩形，并设置填充颜色为#E6BDC9，无边框，填充后的效果如图 8-5-4 所示。

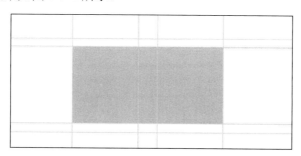

图 8-5-4　绘制矩形并填充颜色

2）使用矩形工具在页面正方形区域对齐参考线绘制矩形，并设置上矩形的填充颜色为#D96888，下矩形的填充颜色为#68161B，无边框，填充后的效果如图 8-5-5 所示。

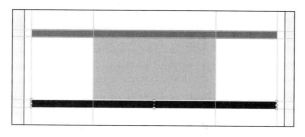

图 8-5-5　绘制矩形并填充颜色

提 示

同样大小的矩形可使用组合键 Ctrl+C 和 Ctrl+V 进行复制和粘贴。

3）在垂直方向添加 2 条参考线，设置"X 值"分别为 16cm、18cm；在水平方向添加 1 条参考线，设置"Y 值"为 23cm；使用矩形工具对齐参考线创建矩形，并设置填充颜色为 #D96888，无边框，如图 8-5-6 所示。

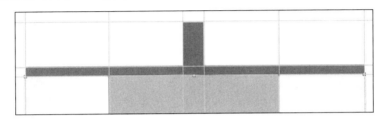

图 8-5-6 绘制参考线和矩形

3. 绘制圆形并输入文字

1）使用椭圆工具，设置宽和高均为 6cm，同时按组合键 Shift+Ctrl+Alt，绘制圆形，设置描边粗细为 20pt，如图 8-5-7 所示。

2）使用椭圆工具绘制 2 个正圆形，无边框，小圆半径为 1cm，填充颜色为#68161B；大圆半径为 3cm，填充颜色为#FAFAFB。使用椭圆工具绘制椭圆，设置描边粗细为 4pt。最终效果如图 8-5-8 所示。

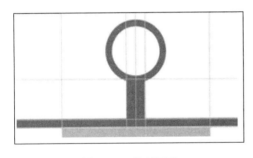

图 8-5-7 绘制圆形

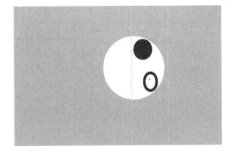

图 8-5-8 绘制正圆和椭圆

3）使用文字工具输入"100"和"纯"，如图 8-5-9 所示，调整文字和圆形至合适的位置。

4）使用矩形工具绘制矩形，在矩形上右击，在弹出的快捷菜单中选择"变换"→"倾斜"命令，在弹出的"倾斜"对话框中点选"水平"单选按钮，设置"倾斜角度"为 30°，将其调整到适当位置，效果如图 8-5-10 所示。

图 8-5-9 输入"100"和"纯"

图 8-5-10 绘制矩形并使其倾斜

4. 变换字形, 置入图层

1）使用文字工具输入"玫瑰花粉"。在"花"字上右击, 在弹出的快捷菜单中选择"创建轮廓"命令, 使用直接选择工具删除"花"右侧节点。选择"文件"→"置入"命令, 在弹出的"置入"对话框中选中素材"单只玫瑰.ai", 将其置入文档并调整位置, 如图 8-5-11 所示。

图 8-5-11 变换字形

2）在"图层"面板中新建图层, 将"文字说明.ai""玫瑰花瓣飘逸.ai"等置入图层中, 在页面区域调整图片位置, 最终效果如图 8-5-12 所示。

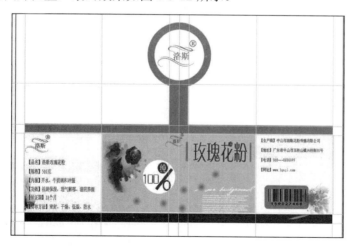

图 8-5-12 "玫瑰花粉"最终效果

任务小结

本任务运用椭圆工具、矩形工具、文字工具等进行创意设计, 通过基本的色彩配置知识, 突出了玫瑰花粉的特质。

项 目 测 评

测评 8.1　咖啡包装盒设计

设计要求

本测评设计制作的是咖啡包装盒的平面展开图。设计以简洁几何图形和咖啡豆为创意元素，以传统的咖色系为基调，吸引消费者购买，增强消费者对品牌及产品的识别及记忆力。

咖啡包装盒设计

素材与效果图

素材	效果图

测评 8.2 松花蛋包装盒设计

设计要求

包装盒尺寸为 25cm×15cm，外观以绿色为主，盒体展开要呈 1、3 面对称的形式。设计要合理、美观。

素材与效果图

素材	效果图
	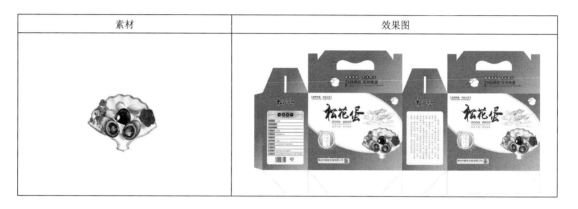

测评 8.3 船歌水饺手提袋设计

设计要求

船歌水饺公司推出一款新产品，主要用于春节、冬至等节日馈赠朋友。现需要为品牌水饺"船歌"设计外包装袋，根据客户的需求，制作尺寸为 26cm×29cm，外观以牛皮纸颜色为主，要在正面背面展现"船歌"水饺公司的 Logo，拉绳孔位要对称、合理、美观。

素材与效果图

素材	效果图
	展开图： 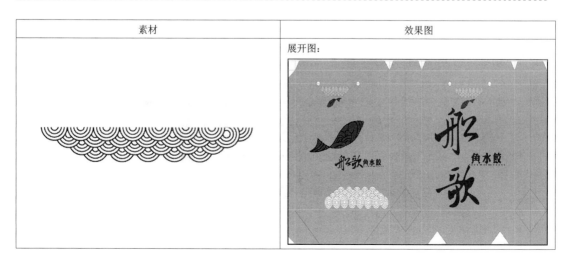

续表

素材	效果图
	效果图:

项目 9

生活用品包装设计

使用 Illustrator CS6 软件进行生活用品包装的绘制与制作，学习软件的基本工具，学习外观效果的使用及造型的制作。

了解包装设计的概念及特点，分析包装设计的制作流程，熟悉基本工具的使用。

掌握 Illustrator CS6 软件中"路径查找器"面板、颜色模式、圆角矩形工具、渐变工具、"外观"与"色板"面板工具、钢笔工具及剪切蒙版、图形样式、极坐标网格工具、自由变换工具等的熟练应用，有较强的审美功底和美术基础及较高的艺术设计能力，能够从市场的角度出发，设计中具备创造力和洞悉力，以此来满足客户的需求。

任务 9.1　包装手提袋设计

▌岗位需求描述

　　手提袋是一种简易的袋子，制作材料有纸张、塑料、无纺布工业纸板等。此类产品通常用于厂商盛放产品或送礼时盛放礼品，也可用作包类产品使用。它可与其他装扮相匹配，所以越来越受到年轻人的喜爱。现有某化妆公司需要制作产品使用的手提袋，要求展示出女性如同花一般多姿多彩的主题。

▌设计理念思路

　　本任务以鲜花比喻女性，在手提袋上使用花纹的设计，花纹按内容分类有抽象图案花纹和实物图案花纹等，使用颜色较浅的花纹能够映衬女性不一般的美，给人以一种特别的艺术效果。

▌素材与效果图

素材	效果图

▌岗位核心素养的技能技术需求

　　掌握使用钢笔工具、剪切蒙版、图形样式等完成包装手提袋的设计的工作流程及方法。

┌ 任务实施 ┐

　　1．绘制手提袋

　　1）启动 Illustrator CS6 软件，按组合键 Ctrl+R，弹出"新建文档"对话框，参数设置如图 9-1-1 所示，单击"确定"按钮。

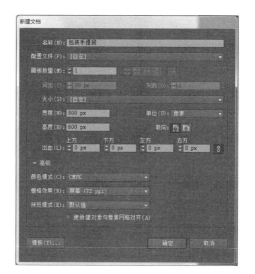

图 9-1-1　新建"包装手提袋"文档

2）使用矩形工具绘制矩形，再使用直接选择工具调整 4 个锚点的位置，设置填充颜色为 CMYK（11，36，37，0），如图 9-1-2 所示。

3）使用选择工具选中图形，按组合键 Ctrl+C 复制图形，按组合键 Ctrl+V 粘贴图形，并将复制的图形置于下面，填充颜色为 CMYK（43，68，77，3），设置其阴影效果如图 9-1-3 所示。

4）使用钢笔工具绘制纸袋侧面阴影，设置填充颜色为 CMYK（11，36，37，0），如图 9-1-4 所示。

图 9-1-2　效果显示　　　　　　图 9-1-3　添加阴影效果　　　　　图 9-1-4　侧面阴影效果 1

5）使用钢笔工具继续绘制纸袋侧面阴影，设置填充颜色为 CMYK（19，47，91，0），如图 9-1-5 所示。

6）使用钢笔工具绘制纸袋侧面底部阴影，设置填充颜色为 CMYK（43，68，77，3），如图 9-1-6 所示。

图 9-1-5　侧面阴影效果 2　　　　　　　　　图 9-1-6　侧面底部阴影效果

2. 绘制手柄

1）使用椭圆工具，按住 Shift 键画出正圆，设置其描边粗细为 2pt，描边颜色为 CMYK（71，69，61，16），如图 9-1-7 所示。

2）使用直接选择工具选中正圆最下端锚点，按 Delete 键删除，使用钢笔工具延长两侧锚点，按组合键 Ctrl+C 复制图形，按组合键 Ctrl+V 粘贴图形，如图 9-1-8 所示。

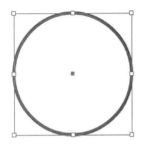  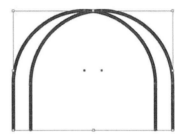

图 9-1-7　绘制椭圆并设置描边　　　　　　　　图 9-1-8　删除多余锚点并进行延伸

3）将绘制好的手柄置于纸袋上方，并调整图层顺序，如图 9-1-9 所示。

3. 添加素材

1）将准备好的素材置入文档，放置在底层，如图 9-1-10 所示。

2）使用直接选择工具选中顶层，按组合键 Ctrl+C 复制图形，按组合键 Ctrl+F 粘贴图形，选中纸袋顶层和素材，右击，在弹出的快捷菜单中选择"建立剪切蒙版"命令，如图 9-1-11 所示。

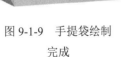  

图 9-1-9　手提袋绘制　　　图 9-1-10　将素材置于底层　　　图 9-1-11　复制手提袋顶层图形并建立
　　　　　完成　　　　　　　　　　　　　　　　　　　　　　　　　　　剪切蒙版

3）在"透明度"面板中设置"混合模式"为"正片叠底"，如图 9-1-12 所示。

图 9-1-12　将图形进行正片叠底处理

4）使用钢笔工具绘制矩形阴影，填充 CMYK（0，0，0，20）至白色的渐变色，将其放置在底层，如图 9-1-13 所示。

图 9-1-13　填充绘制手提袋阴影

5）按组合键 Ctrl+C 复制图形，按组合键 Ctrl+V 粘贴图形，选择"编辑"→"编辑颜色"→"调整色彩平衡"命令，弹出"调整颜色"对话框，参数设置如图 9-1-14 所示。

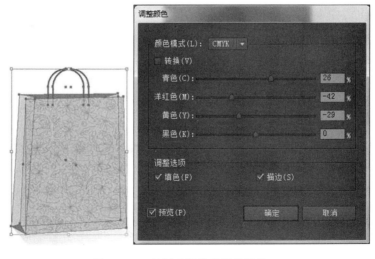

图 9-1-14　复制手提袋并调整颜色

6）保存文件，最终效果如图 9-1-15 所示。

图 9-1-15　包装手提袋最终效果

任务小结

本任务运用钢笔工具进行包装袋的绘制，并利用剪切蒙版及正片叠底混合方式将素材与底色很好地融合在一起，突出了主题元素。

任务 9.2　面膜包装盒设计

■岗位需求描述

现有某化妆品公司应国内需求推出一款新品面膜，面膜包装盒作为最基础的包装，在设计和色彩的使用上要求较高，需要具有较高的创新性，以此来应对年轻人的需求。

■设计理念思路

好的包装会带来更佳的品牌效应，对于面膜而言，包装的影响尤为深远。本任务选用的是紫色与白色的搭配，白色纯净亮洁，紫色优雅华贵，紫色的图案使用同心圆堆叠形式制作，华丽中带着俏皮。右下方的空白处置入品牌的名称。包装盒采用抽屉式，方便使用。

■素材与效果图

素材	效果图
无	

■岗位核心素养的技能技术需求

掌握使用矩形工具、直接选择工具、极坐标网格工具、自由变换工具等完成包装盒设计的方法与技巧，以达到客户的需求。

■任务实施

1. 绘制盒身

1）启动 Illustrator CS6 软件，按组合键 Ctrl+R，弹出"新建文档"对话框，参数设置如图 9-2-1 所示，单击"确定"按钮。

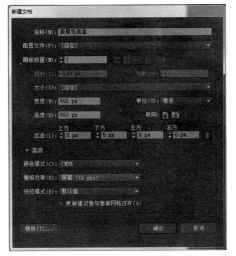

制作面膜包装盒

图 9-2-1　新建"面膜包装盒"文档

2）使用矩形工具绘制一个矩形，使用直接选择工具调整 4 个锚点的位置，设置填充颜色为 CMYK（0，0，0，10），如图 9-2-2 所示。

3）使用矩形工具在右侧绘制一个矩形，使用直接选择工具调整 4 个锚点的位置，设置填充颜色为 CMYK（0，0，0，40），如图 9-2-3 所示。

图 9-2-2　绘制面膜包装盒表层

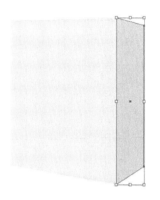

图 9-2-3　绘制面膜包装右侧

2．绘制底纹

1）使用极坐标网格工具绘制底纹，使用"↑"和"↓"方向键调整圈数，使用直接选择工具按 Delete 键删除直线，绘制圈数不一的底纹若干个，前景色填充白色，描边颜色分别为 CMYK（90，100，0，0）、CMYK（79，100，0，0）、CMYK（39，100，39，10），错落排版，按组合键 Ctrl+G 进行编组，如图 9-2-4 所示。

2）复制面膜包装正面，并将其放置在顶层。选中图形和底纹，右击，在弹出的快捷菜单中选择"建立剪切蒙版"命令，将图形和花纹调整至合适大小，如图 9-2-5 所示。

图 9-2-4　绘制面膜盒表面装饰图案

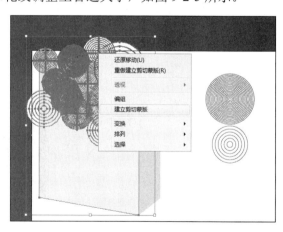

图 9-2-5　对图形和花纹建立剪切蒙版

3）绘制阴影图形，设置其描边粗细为 2pt，描边颜色为 CMYK（0，0，0，60），将其缩放至合适大小，使用直接选择工具调整其不透明度为 100%，如图 9-2-6 所示。

图 9-2-6 绘制面膜包装右边嵌入部分

3．添加文案

1）使用文字工具输入"Ureil，Facial mask"并调整其大小，使用自由变换工具调整透视效果，如图 9-2-7 所示。

图 9-2-7 调整文字及透视

2）使用钢笔工具绘制矩形阴影，填充灰色 CMYK（0，0，0，20）至白色的渐变，调整其不透明度，并将其放置于底层，如图 9-2-8 所示。

3）完成后进行保存，最终效果如图 9-2-9 所示。

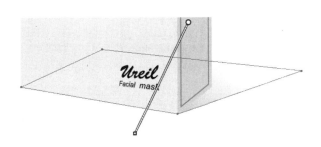

图 9-2-8 绘制矩形阴影

图 9-2-9 面膜包装盒最终效果

·任务小结·

本任务运用钢笔工具进行包装盒的绘制，使用极坐标网格工具进行底纹图案的制作，并利用直接选择工具及自由变换工具将素材很好地融合进包装盒中，最终完成了面膜包装盒的制作。

任务 9.3 香水瓶设计

■岗位需求描述

香水是一种混合香精油、固定剂、酒精和乙酸乙酯的液体，能使物体（通常是人体）拥有持久且悦人的气味。香水瓶作为香水的盛装物，具有重要的作用，现应某香水公司要求，为其香水瓶设计外形包装。

■设计理念思路

装饰精致典雅的香水瓶在吸引人们的视觉注意力方面起着决定性的作用。刻花的表面，美妙绝伦的花朵瓶盖，有的还饰以手缚蝴蝶结，使香水瓶的视觉艺术与香水的嗅觉艺术具有同等的品赏价值。本任务设计两个香水瓶，均以玻璃为材质作为主要设计方向，灰色针对男性用户，黄绿色针对女性用户。

■素材与效果图

素材	效果图
无	

■岗位核心素养的技能技术需求

使用钢笔工具、圆角矩形工具、渐变工具等，使画面更接近于实物画面，从而更容易得到消费者的认同。

任务实施

1. 绘制左侧香水瓶

1）启动 Illustrator CS6 软件，按组合键 Ctrl+R，弹出"新建文档"对话框，参数设置如图 9-3-1 所示，单击"确定"按钮。

2）绘制左侧透明香水瓶。双击圆角矩形工具，在弹出的"圆角矩形"对话框中设置宽度为 160px，高度为 129px，圆角半径为 2px，绘制一个圆角矩形，在"渐变"面板中设置类型为线性，填充渐变色，效果如图 9-3-2 所示。

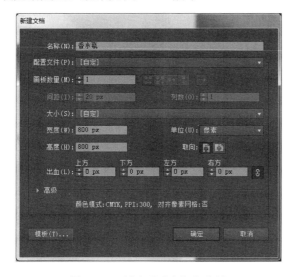

制作香水瓶

图 9-3-1　新建"香水瓶"文档

图 9-3-2　绘制圆角矩形并填充
渐变色

3）使用矩形工具绘制瓶身形状，设置填充颜色为无，边框颜色为线性渐变，色彩设置与瓶盖相同，如图 9-3-3 所示。

4）使用矩形工具绘制两个矩形置于瓶身上面，并设置线性渐变填充色，如图 9-3-4 所示。

图 9-3-3　绘制瓶身边框并填充渐变色

图 9-3-4　绘制瓶身并填充渐变色

5）使用钢笔工具绘制瓶身边缘折射形状，填充颜色为黑色，如图 9-3-5 所示。

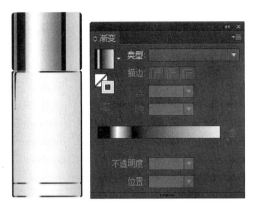

图 9-3-5 绘制瓶身边缘折射形状并填充颜色

6）使用钢笔工具绘制瓶身高光部分，设置填充颜色为白色，如图 9-3-6 所示。

7）使用文字工具输入"NOVO""12ML VOL"，并放置于瓶身中央，如图 9-3-7 所示。

图 9-3-6 绘制瓶身高光   图 9-3-7 输入文字

2．绘制右侧香水瓶

1）使用圆角矩形工具绘制香水瓶外轮廓，如图 9-3-8 所示。

2）选中瓶盖，使用渐变工具填充线性渐变色，如图 9-3-9 所示。

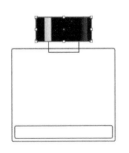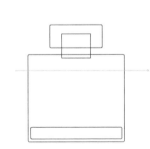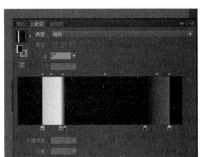

图 9-3-8 绘制香水瓶轮廓   图 9-3-9 为瓶盖填充线性渐变

3）使用矩形工具绘制一个长条矩形,填充渐变颜色,将其作为瓶盖装饰线条,如图 9-3-10 所示。

4）设置瓶身轮廓线条的宽度为 3pt,颜色设置为线性渐变,如图 9-3-11 所示。

图 9-3-10 绘制并填充瓶盖装饰　　　　　图 9-3-11 调整并填充瓶身轮廓

5）使用钢笔工具绘制香水瓶身折射部分形状,如图 9-3-12 所示。

6）使用渐变工具给香水瓶瓶身填充线性渐变颜色,如图 9-3-13 所示。

  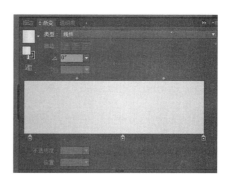

图 9-3-12 绘制瓶身折射　　　　　　图 9-3-13 渐变填充香水瓶瓶身

7）使用钢笔工具绘制瓶身高光部分,填充白色,如图 9-3-14 所示。

8）制作阴影。使用矩形工具分别在两个香水瓶底部绘制一个矩形,宽度与香水瓶等宽,添加线性渐变,如图 9-3-15 所示。

9）保存文件,最终效果如图 9-3-16 所示。

图 9-3-14 绘制高光区域　　　图 9-3-15 添加阴影　　　图 9-3-16 "香水瓶"最终效果

·任务小结·

本任务运用钢笔工具、圆角矩形工具、渐变工具等进行香水瓶外观的绘制，加上颜色与文字的衬托，更衬托香水瓶的气质。

项 目 测 评

测评 9.1　口红包装设计

设计要求

口红是所有唇部彩妆的总称，是女性必备的美容化妆品之一。现需对口红包装进行设计，画面尺寸为 800px×800px。

素材与效果图

素材	效果图
无	 自拟，可参考

测评 9.2　化妆盒设计

设计要求

化妆盒，顾名思义是用于装化妆品的盒子，其空间要大，外观不用过于花哨，除非是特殊定制或一些知名的品牌专用等。本任务确定画面尺寸为 800px×800px。

素材与效果图

素材	效果图
无	

测评 9.3　CD 封套设计

设计要求

　　光盘封套一般为无纺布和纸质。光盘的规格固定，盘面尺寸较小，做穿孔的封套时尤为注意。画面的尺寸确定为 1000px×1000px。本任务制作的是 CD 的封套，内容自拟。

素材与效果图

素材	效果图
无	仅供参考，外形如此，图案文字自拟

项目 10

宣传册设计

学习目标

使用 Illustrator CS6 软件进行宣传册设计，学习软件基本工具的使用方法和技巧，并能综合利用多种工具进行不同领域的各种类型宣传册的创意设计。

知识准备

了解宣传册设计要素，了解不同领域的宣传册的区别，如电商平台的商品销售和推广等线上宣传广告，海报、折页、路牌广告、X 展架、企业宣传册等线下宣传广告；了解不同宣传册的概念、特点、目的等，学会根据实际设计需求制定设计方案，收集整理素材，进行创意设计。

项目核心素养基本需求

熟悉路径编辑工具、文字工具、矩形工具、自由变换工具、画笔工具、渐变工具、吸管工具、椭圆工具等的使用方法和技巧；掌握抠图技巧、调整颜色方法、排版技巧等；熟悉其他必备的专业常识；有一定的美术基础和设计构成基础，了解消费心理学和广告心理学。

任务 10.1　电商线上广告设计

■ 岗位需求描述

随着电子商务的发展，一系列的大型线上销售平台应运而生，线上宣传广告的设计也变得越来越重要，宣传广告设计的质量直接影响宣传的效果。某旗袍旗舰店需要在店铺首页循环播放关于 2018 年新款旗袍的宣传册，由系列宣传海报组成。宣传海报的设计风格须符合旗袍女性体现出来的优雅、婉约、含蓄等，给浏览者美的享受，通过广告还可以了解该品牌的企业文化与内涵，并能激起浏览者的购买欲望。现设计系列宣传海报中的封面页，规格要求分辨率为 300ppi，尺寸为 1920px×680px，颜色模式为 CMYK 颜色模式。

■ 设计理念思路

本设计中，背景是山水画，山、水、荷、鱼都是古典美的代表元素，能衬托出旗袍女子的含蓄美。通过设计较有情怀的文案，体现品牌内涵的同时，能引起浏览者对美的共鸣。广告词使用艺术字效果，高雅古典。旗袍款式的介绍文字采用红色或红底衬托，引人注意，传递信息。同时，红色与主色调相辉映，更能烘托主题。

■ 素材与效果图

素材	效果图

■ 岗位核心素养的技能技术需求

了解有情怀的文案的创作技巧，掌握文字工具、矩形工具、变形工具、钢笔工具的综合应用，以达到电商线上广告宣传的效果。

任务实施

1）启动 Illustrator CS6 软件，按组合键 Ctrl+N，弹出"新建文档"对话框，参数设置如图 10-1-1 所示，单击"确定"按钮。

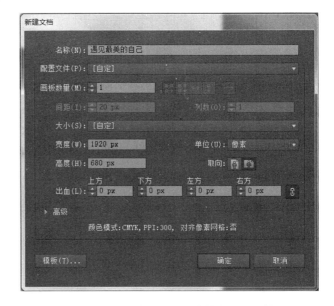

制作"遇见最美的自己"线上广告

图 10-1-1　新建"遇见最美的自己"文档

2）置入素材"遇见最美的自己 背景 jpg"，并锁定该背景图。

3）置入素材"遇见最美的自己 旗袍.jpg"，如图 10-1-2 所示。

图 10-1-2　置入素材图片

4）使用钢笔工具和转换锚点工具勾勒"旗袍美女"的轮廓，如图 10-1-3 所示。

提　示

　　为了方便勾勒轮廓，可将路径填充颜色设为无，另外，路径要闭合。

5）同时选中路径和图片，选择"对象"→"剪切蒙版"→"建立"命令，或者右击，在弹出的快捷菜单中选择"建立剪切蒙版"命令，可得到抠图效果如图 10-1-4 所示。

6）使用钢笔工具和转换锚点工具勾勒如图 10-1-5 所示的手臂部分轮廓。

图 10-1-3　勾勒模特轮廓　　　　图 10-1-4　创建抠图效果　　　　图 10-1-5　勾勒手臂轮廓

7）将路径填充颜色设为深色，不透明度设为 0，如图 10-1-6 所示。

图 10-1-6　设置路径选项

8）同时选中路径和图片，编组。选择"对象"→"拼合透明度"命令，弹出"拼合透明度"对话框，设置"栅格/矢量平衡"为"75"，其余参数默认，如图 10-1-7 所示。

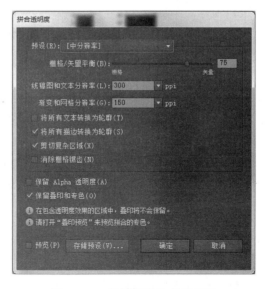

图 10-1-7　设置栅格/矢量平衡值

9）取消编组，选中需要删除的部分，按 Delete 键删除，完成手臂部分抠图效果，如图 10-1-8 所示。

图 10-1-8　手臂抠图效果

10）将"旗袍美女"图片大小缩放至原来的 105% 左右，并移至合适的位置。

11）置入"遇见最美的自己 文字.png"，图片大小缩放至原来的 105% 左右，并移至合适位置。

12）使用矩形工具绘制 460px×55px 的矩形，设置填充颜色为暗红色 CMYK（15，100，90，10），边框颜色为无。

13）在红色矩形中，使用文字工具输入"立领盘扣包肩开衩长旗袍"，字体为微软雅黑，大小为 40pt，填充颜色为白色，描边颜色为无。使文字和矩形水平和垂直方向均居中对齐，如图 10-1-9 所示。

14）使用文字工具输入"2018 新品上市"，字体为微软雅黑，大小为 40pt，颜色为暗红色 CMYK（15，100，90，10），将其置于红色矩形下方。

15）使用文字工具输入图 10-1-10 中的文案，字体为微软雅黑，大小为 30pt，颜色为深绿色 CMYK（90，30，95，30），字符行距为 48pt。

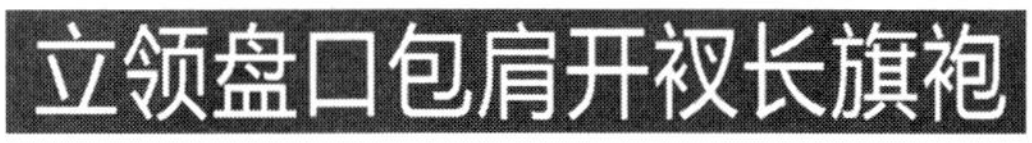

立领盘口包肩开衩长旗袍

图 10-1-9　编辑文字

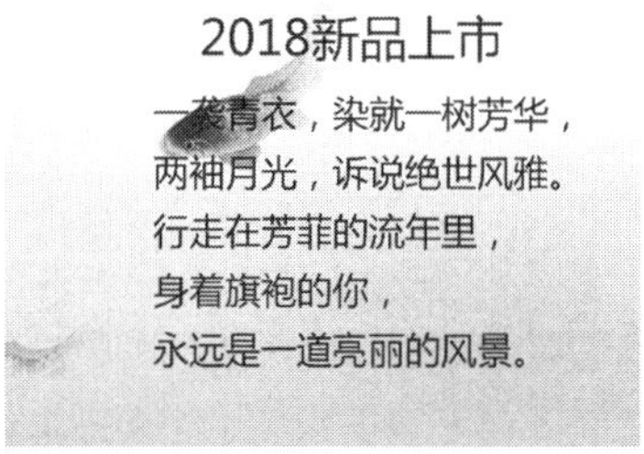

2018新品上市

一袭青衣，染就一树芳华，
两袖月光，诉说绝世风雅。
行走在芳菲的流年里，
身着旗袍的你，
永远是一道亮丽的风景。

图 10-1-10　编辑文案

16）将文档保存为"遇见最美的自己.ai"，最终效果如图 10-1-11 所示。

图 10-1-11　"遇见最美的自己"最终效果

任务小结

本任务运用钢笔工具、转换锚点工具、矩形工具、文字工具等进行创意设计。本任务线上宣传海报的尺寸须考虑客户端显示器的最大分辨率，因此，一般在设计时设置的尺寸为 1920px×680px。

任务 10.2 双折页设计

■岗位需求描述

近几年，英语培训班犹如雨后春笋般数不胜数。为了宣传自己，达到多招生的目的，很多培训机构会印发一些宣传册到学校附近派发给家长和学生。某培训机构最近成立了一个新的英语培训班，需要设计一个宣传册，介绍该机构的基本情况、教学理念、培训班的特色、课程体系等信息。要求折页的图案与内容相关，风格活泼，色彩明快，能吸引家长和学生阅读。折页尺寸为 190mm×210mm，分辨率为 300ppi，颜色模式为 CMYK 颜色模式。

■设计理念思路

由于培训班需要人们了解的内容比较多，因而用折页更美观。双折页的背景采用最能吸引读者注意的黄色，中间添加了白色，形成黄—白—黄的渐变色，更显活泼。宣传册中的配图、字体及颜色搭配都是儿童喜欢的，而且比较醒目。由于机构名称为泡泡，也为了体现机构"玩中学""学中玩"的教学理念，主图采用儿童玩泡泡的图像。对于家长重点关注的内容，在主图下以不同底色分栏显示。

■素材与效果图

素材	效果图

续表

素材	效果图

岗位核心素养的技能技术需求

了解折页宣传册的基本知识，掌握钢笔工具、圆角矩形工具、椭圆工具、文字工具等的综合应用，以达到宣传册的宣传效果。

任务实施

1. 封面页的制作

1）启动 Illustrator CS6 软件，按组合键 Ctrl+N，弹出"新建文档"对话框，参数设置如图 10-2-1 所示，单击"确定"按钮。

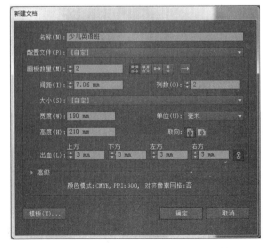

制造"泡泡少儿英语班"双折页

图 10-2-1　新建"少儿英语班"文档

2）在画板导航栏中选择"画板 1"进行编辑。使用矩形工具绘制一个 196mm×216mm 的矩形，使其相对于画板水平和垂直均居中对齐。

3）使用渐变工具，设置矩形的填充颜色为黄－白－黄的线性渐变，描边颜色为无，然后将其锁定。白色滑块的位置为 50%，黄与白、白与黄之间的渐变滑块的位置均为 50%，如图 10-2-2 所示。

4）使用矩形工具绘制一个 196mm×8mm 的矩形，使其相对于画板水平居中对齐，顶端对齐出血线，填充颜色为蓝色，描边颜色为无。

5）复制蓝色矩形，并将其移至文档底端，与顶端矩形水平居中对齐，底端对齐出血线，如图 10-2-3 所示。

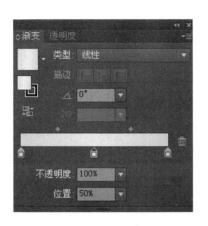

图 10-2-2　填充矩形渐变色

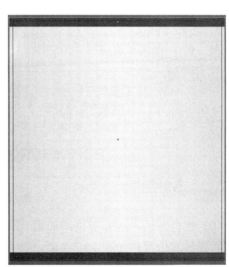

图 10-2-3　复制蓝色矩形

6）在文档中间（大概 95mm 处）建立一条垂直参考线。

7）打开素材"少儿英语培训班 庆祝.ai"，将其中的四叶草标志复制至本文档垂直参考线的右上角处，并等比缩放其大小为原来的 50%左右，如图 10-2-4 所示。

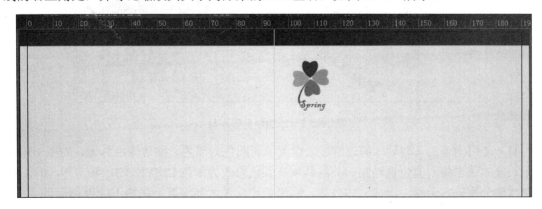

图 10-2-4　复制标志素材

8）使用文字工具输入"泡泡少儿英语班"，字体为汉仪太极体简，大小为 36pt，填充颜色为黑色，描边颜色为无。复制黑色文字，在原位置粘贴，并将填充颜色改为玫红色 CMYK（0，92，4，0）。然后将玫红色文字左移，形成文字的立体效果。并将两组文字编组，如图 10-2-5 所示。

图 10-2-5　编辑标题文字

9）使用文字工具输入"POP YOUNGLEARNERS ENGLISH"，字体为汉仪太极体简，大小为 12pt，填充颜色为黑色，描边颜色为无。将英文置于玫红色文字下方，并与其水平居中对齐，如图 10-2-6 所示。

图 10-2-6　编辑英文

10）在打开的"少儿英语培训班 庆祝.ai"文档中复制彩星及彩带等庆祝素材至本文档中，并调整其位置，如图 10-2-7 所示。

图 10-2-7　添加彩星等素材

11）使用钢笔工具勾勒木牌轮廓线，设置填充颜色为黑色，描边颜色为无，如图 10-2-8 所示。复制该木牌，原位置粘贴，并将其填充颜色修改为木色 CMYK（3，40，79，0）。将木色木牌分别向右上移，形成立体效果。将黑色和木色木牌编组，如图 10-2-9 所示。

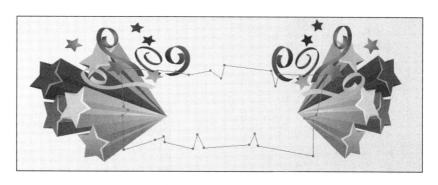

图 10-2-8　勾勒木牌轮廓

图 10-2-9　绘制木牌

12）使用文字工具输入"开班了！"，设置字体为汉仪太极体简，大小为 30pt，填充颜色为白色，描边颜色为无，如图 10-2-10 所示。

图 10-2-10　编辑文字

13）打开素材"少儿英语培训班　儿童.ai"文档，复制儿童图片至本文档中，置于彩星彩带图的下方，如图 10-2-11 所示。

14）单击"符号库"下拉按钮，在打开的下拉列表中选择"庆祝"选项，打开"庆祝"面板，将"五彩纸屑"符号（图 10-2-12）拖动至本文档。

图 10-2-11　添加儿童图片素材

图 10-2-12　添加符号

15）右击"五彩纸屑"，在弹出的快捷菜单中选择"断开符号链接"命令，然后取消编组。使用自由变换工具随机设置星星、纸屑的大小、方向和位置，并调整星星的填充颜色，形成如图 10-2-13 所示的效果。

图 10-2-13　封面页最终效果

2. 封底页的制作

1）复制"少儿英语培训班 庆祝.ai"文档中的四叶草标志至本文档左上侧，如图 10-2-14 所示。

2）使用文字工具输入如图 10-2-15 所示的文字。"Spring"的字体为 Arial Rounded MT Bold，大小为 24pt，"Education"及其余的汉字的字体为微软雅黑，加粗，大小为 12pt。设置汉字的段落格式为段后间距 2pt，并调整各文字的位置。

图 10-2-14　添加标志素材

图 10-2-15　编辑文字

封面和封底页的总体效果如图 10-2-16 所示。

图 10-2-16　封面和封底页效果图

3．内页的制作

1）在文档的画板导航栏中选择"画板 2"进行编辑。

2）解锁全部对象，将"画板 1"中的黄—白—黄渐变的矩形复制至"画板 2"中，并将其锁定。

3）使用矩形工具绘制一个 196 mm×4 mm 的矩形，设置填充颜色为蓝色，描边颜色为无。与画板水平居中对齐，垂直顶端对齐。

4）复制蓝色矩形至文档下端，与画板水平居中对齐，垂直底端对齐。

5）复制"画板 1"中封面页左上侧的四叶草标志至"画板 2"的左上侧，如图 10-2-17 所示。

6）使用椭圆工具绘制一个圆形，填充颜色选择"植物"，描边为"New Gradient Swatch 5"，如图 10-2-18 中的标示处所示。效果如图 10-2-19 所示。

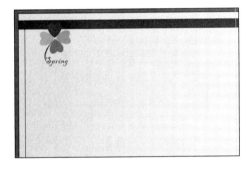

图 10-2-17　添加标志素材

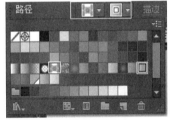

图 10-2-18　路径颜色设置

图 10-2-19　绘制圆形

7）复制圆形，适当缩放其大小，并移至不同位置，形成如图 10-2-20 所示的效果。

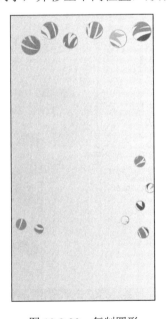

图 10-2-20　复制圆形

8）复制"少儿英语培训班 庆祝.ai"文档中的音符、泡泡树图片至本文档中，适当调整其大小、位置、倾斜度等，如图 10-2-21 所示。

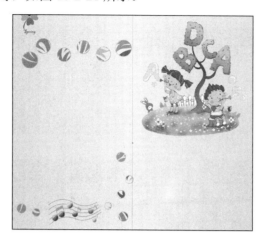

图 10-2-21　添加音符及泡泡树素材

9）使用圆角矩形工具绘制一个圆角矩形，设置填充颜色为无，描边颜色为青色，如图 10-2-22 所示。

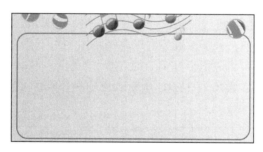

图 10-2-22　绘制圆角矩形

10）使用矩形工具绘制一大一小两个矩形，大矩形填充玫红色 CMYK（0，100，0，0），小矩形填充浅玫红色 CMYK（8，41，0，0），调整两个矩形的位置，并将它们进行编组，如图 10-2-23 所示。

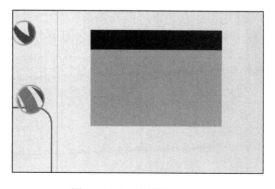

图 10-2-23　绘制矩形组合

11）复制玫红色矩形组为另外 4 个矩形组，分别填充绿、蓝、红、黄的深浅色系。调整各矩形组的大小和位置，如图 10-2-24 所示。

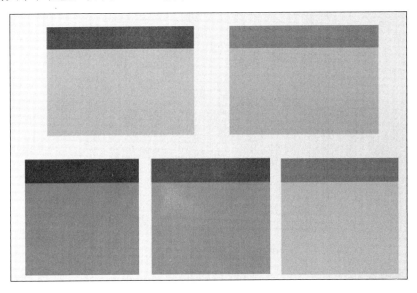

图 10-2-24　复制并修改矩形组合

12）复制"少儿英语培训班 庆祝.ai"文档中的 ABC、耳机、喇叭、书本、手等图片至本文档中，适当缩放其大小，分别按顺序置于各矩形组的左上角。

13）使用文字工具输入"泡泡少儿英语简介"，字体为汉仪太极体简，设置"泡泡"两字的大小为 24pt，其余文字大小为 18pt，填充颜色均为洋红色 CMYK（0，92，4，0），描边颜色为无，如图 10-2-25 所示。

图 10-2-25　编辑标题 1 文字

14）使用文字工具输入"泡泡少儿英语班课程体系"，使用吸管工具，单击步骤 13）后面的文字，设置相同的参数（字体、颜色、大小等），如图 10-2-26 所示。

图 10-2-26　编辑标题 2 文字

15）使用文字工具将素材"泡泡少儿英语.txt"文档中的文字复制至本文档中。编辑后最终效果如图 10-2-27 所示。

图 10-2-27　"泡泡少儿英语班"最终效果

任务小结

本任务运用椭圆工具、矩形工具、圆角矩形工具、文字工具等对折页进行创意设计。

任务 10.3　X 展架设计

岗位需求描述

X 展架是使终端宣传促销生动化的利器，被广泛地应用于大型卖场、商场、超市、展会、公司、招聘会等场所的展览展示活动，用于展览广告、巡回展示、商业促销、会议演示等。为让学生体验真正意义的电商活动，促进学校电商专业的发展，中山市东凤镇理工学校每年都会联合校企合作企业多果公司，举办一次为期一个月左右的荔枝节活动。今年的荔枝节活动，学校需要设计系列的 X 展架进行活动宣传，现设计主要的 X 展架宣传荔枝节的主题活动，让全校师生了解活动相关内容，吸引师生们一起参与到活动中来。同时，也对多果公司的电商平台进行宣传推广。在 Illustrator CS6 软件中，X 展架的尺寸为 70mm×168mm，分辨率为 300ppi，颜色模式为 CMYK 颜色模式。

设计理念思路

本次活动是通过电商平台售卖唐味荔枝，然后将所获利润用作慈善的义卖活动。在此设计中，背景为浅黄色，朴素典雅。由于主角是唐味荔枝，素材以荔枝为主，置于展架的顶端和底端位置。大大的艺术字"荔枝节"使师生们对活动主题一目了然，富于变化的字体使人赏心悦目。展架右上角是具有创意的活动 Logo，是点睛之处，将吸引师生参与的五大理由置于中间位置，将多果公司的二维码和荔枝图片置于介绍文字的下方。

素材与效果图

素材	效果图

岗位核心素养的技能技术需求

了解 X 展架的基本知识，掌握文字工具、矩形工具等的使用方法，通过艺术字的绘制和图片色彩的调整来达到最优效果。

任务实施

1）启动 Illustrator CS6 软件，按组合键 Ctrl+N，弹出"新建文档"对话框，参数设置如图 10-3-1 所示，单击"确定"按钮。

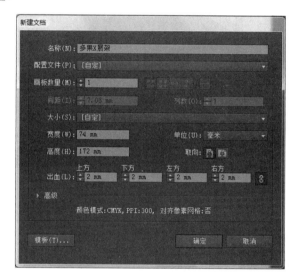

制作"荔枝节"X 展架

图 10-3-1 新建"多果 X 展架"文档

2）使用矩形工具绘制 78 mm×176 mm 的矩形，设置填充颜色为淡黄色 CMYK（7，0，32，0），描边颜色为无。矩形相对于画板水平和垂直居中对齐后，将其锁定。

3）置入素材"荔枝节 背景.png"图片，将其等比缩放为原来的 12%左右，选择"对象"→"变换"→"对称"命令，弹出"镜像"对话框，点选"垂直"单选按钮，参数设置如图 10-3-2 所示。效果如图 10-3-3 所示。

图 10-3-2 对称变换设置

图 10-3-3 图形对称变换效果

4）置入素材"荔枝节 1.png"图片，将其等比缩放为原来的 4%左右，并调整其位置，如图 10-3-4 所示。

图 10-3-4　添加荔枝素材

5）使用文字工具输入"唐"，设置填充颜色为 CMYK（51，100，100，35），描边颜色为无，字体为黑体，大小为 22 pt。使用矩形工具绘制矩形，遮住"唐"字右侧，如图 10-3-5 所示。

6）同时选中"唐"字和矩形，右击，在弹出的快捷菜单中选择"建立剪切蒙版"命令，效果如图 10-3-6 所示。

图 10-3-5　矩形遮盖

10-3-6　建立剪切蒙版

7）使用文字工具输入"味盛宴"，设置填充颜色为 CMYK（0，0，0，80），描边颜色为无，字体为汉仪综艺体简，大小为 12pt。在"文字"中的"段落"窗口，设置段后间距为 –3pt。效果如图 10-3-7 所示。

8）使用矩形工具绘制矩形，设置填充颜色为 CMYK（51，100，100，35），描边颜色为无。将其置于文字的左侧，并与文字编组。使用直排文字工具输入"享受杨妃的待遇"，设置填充颜色为 CMYK（0，0，0，80），描边颜色为无，字体为微软雅黑，大小为 7.5pt。置于矩形的左侧，形成如图 10-3-8 所示的艺术字效果。

图 10-3-7　编辑文字　　　　　　　　　　　　　图 10-3-8　艺术字效果

9）置入素材"荔枝节 艺术字.png"图片，将其等比缩放为原来的 16% 左右，并调整其位置，如图 10-3-9 所示。

图 10-3-9　置入艺术字

10）使用文字工具将素材"荔枝节.txt"文档中的文字粘贴至文档中，字体为幼圆，大小为 8 pt，设置填充颜色为 CMYK（50，70，80，70），描边颜色为无，如图 10-3-10 所示。

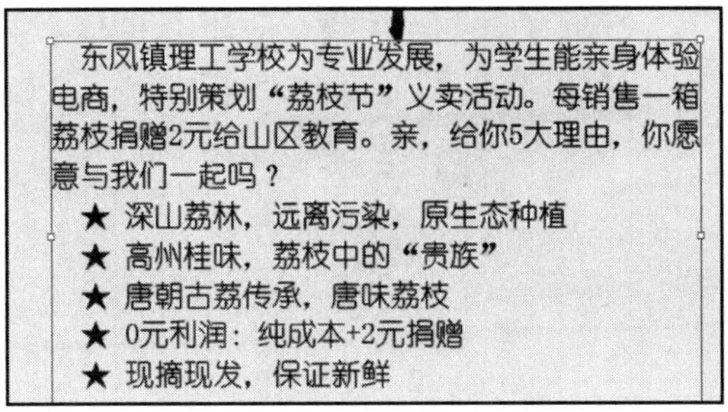

> 东凤镇理工学校为专业发展，为学生能亲身体验电商，特别策划"荔枝节"义卖活动。每销售一箱荔枝捐赠2元给山区教育。亲，给你5大理由，你愿意与我们一起吗？
> ★ 深山荔林，远离污染，原生态种植
> ★ 高州桂味，荔枝中的"贵族"
> ★ 唐朝古荔传承，唐味荔枝
> ★ 0元利润：纯成本+2元捐赠
> ★ 现摘现发，保证新鲜

图 10-3-10　粘贴并编辑文字

11）使用文字工具输入"扫描二维码 关注公众号"，设置字体为微软雅黑，加粗，大小为 9 pt，填充颜色为红色，描边颜色为无。

12）置入素材"荔枝节 多果二维码.png"图片，并将其与画板水平居中对齐，置于红色文字下方，如图 10-3-11 所示。

图 10-3-11　置入二维码

13）置入素材"荔枝节 多果.png"图片，将其等比缩放为原来的 14%左右，并置于二维码图片的正下方。

14）置入素材"荔枝节 3.png"图片，将其等比缩放为原来的 11%左右，并调整其位置。

15）置入素材"荔枝节 4.png"图片，将其等比缩放为原来的 24%左右，并使用钢笔工具勾勒荔枝轮廓，如图 10-3-12 所示。

图 10-3-12　勾勒荔枝轮廓

16）同时选中荔枝图片及路径，建立剪切蒙版。

17）选择"对象"→"栅格化"命令，弹出"栅格化"对话框，在"背景"选项区中点选"透明"单选按钮，如图 10-3-13 所示。

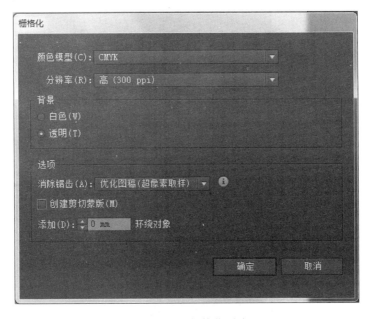

图 10-3-13　栅格化图片

18）选择"编辑"→"编辑颜色"→"调整色彩平衡"命令，弹出"调整颜色"对话框，设置参数如图 10-3-14 所示，效果如图 10-3-15 所示。

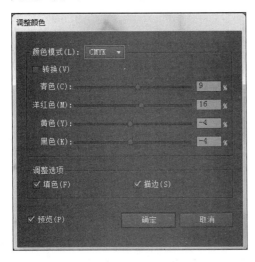

图 10-3-14　调整图片颜色

图 10-3-15　调整色彩平衡

19）调整"荔枝"的位置，最终效果如图 10-3-16 所示。

图 10-3-16 荔枝节展架最终效果

任务小结

本任务运用钢笔工具、矩形工具、文字工具等，并结合蒙版、栅格化、色彩调整等对 X 展架进行创意设计。本任务的学习要点是艺术字的设计及图片色彩调整。

项 目 测 评

测评 10.1 旅游海报设计

设计要求

茂名浪漫海岸旅游度假区是茂名市重点项目、电白区十大项目之一。为提高景区的公众认知度，景区决定投放一系列的宣传广告。现设计其中一幅宣传海报。本设计中，以景区实景图作为背景图，爱心装饰图案符合"浪漫"和"爱"的主题。在胶卷图案中展现景区内具有代表性的风景、人文图片，使景区美景尽收眼底。将主题名称以艺术字的形式来呈现，给浏览者留下深刻印象。规格要求分辨率为 300ppi，尺寸为 1024px×673px，颜色模式为 CMYK 颜色模式。

素材与效果图

素材	效果图

测评 10.2　化妆品宣传三折页设计

设计要求

　　宣传折页成本低、携带方便、发布范围广，没有其他媒体的宣传环境、公众特点、信息安排、版面、印刷、纸张等限制，因此，它成为很多商店、公司和企业宣传的首选。一家新开的化妆品专卖店希望通过宣传折页提高店铺的知名度，使人们了解店铺的主打产品，激起人们的消费欲望。要求宣传折页外页显示店铺的地址、联系电话、微信等信息；内页设计中详细反映主打产品的功能介绍和价格等信息，设计风格与化妆品相吻合。本设计中，主打产品是 4 个不同系列的代表产品，每个系列一个产品，每个产品占一页，加上封面和封底，一共 6 页。因此采用双面三折页的宣传页设计。因为要宣传的是女性化妆品，页面主色调采用浅粉色和紫色，体现干净和淡雅的感觉。内面设计中，背景采用浅紫色到透明的渐变，并以产品图片搭配文字介绍为主，通过图文并茂的形式，翔实地将产品信息传达给消费者。封面运用逼真的图案、Logo、广告词，以艺术的表现吸引消费者。封底给出店铺的地址、联系方式等，达到宣传的目的。规格要求分辨率为 300ppi，尺寸为 210mm×297mm，颜色模式为 CMYK 颜色模式。

■ 素材与效果图

素材	效果图
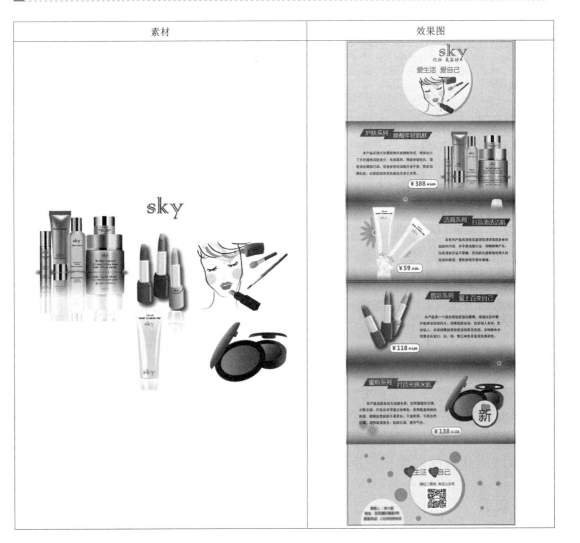	

测评 10.3 房地产路牌广告设计

■设计要求

　　户外广告是品牌整合推广的主要投放媒体和途径，可以提高品牌的公众认知度。路牌广告是户外广告中的一种重要形式。某地产公司新建了一个楼盘——悠然城堡，为了提高其知名度，让更多人了解该楼盘的信息，促进楼盘的销售，公司决定对该城堡进行一系列的广告宣传，首选是路牌广告。现设计其中的一幅高速路路牌广告，规格要求分辨率为 300ppi，成品尺寸约 15m×5m，在 Illustrator CS6 软件中设计的尺寸为 920px×320px，颜色模式为 CMYK 颜色模式。

■素材与效果图

素材	效果图

参 考 文 献

曹天佑，陆沁，时延辉，2015．Illustrator CS6 平面设计应用案例教程[M]．2 版．北京：清华大学出版社．

董慧，谷冰，吕小刚，2014．Photoshop+Illustrator (CS6) 平面设计案例[M]．镇江：江苏大学出版社．

阿涛，2016．标志设计案例解析与应用[M]．2 版．北京：人民邮电出版社．

郭长见，彭欣，祁军伟，2012．Illustrator CS5 平面设计高级案例教程[M]．北京：航空工业出版社．

郭恩文，2013．书籍装帧[M]．北京：北京大学出版社．

郭万军，李辉，潘伟，2010．从零开始：Illustrator CS4 中文版基础培训教程[M]．北京：人民邮电出版社．

雷波，2014．Photoshop+InDesign/Illustrator 书籍装帧及包装设计[M]．北京：高等教育出版社．

李金蓉，2013．突破平面 Illustrator CS6 设计与制作深度剖析[M]．北京：清华大学出版社．

平面设计与制作编写组，2015．平面设计与制作：Illustrator CS4 中文版[M]．北京：清华大学出版社．

苏畅，易华重，徐建平，2014．Illustrator CS6 平面设计案例教程[M]．镇江：江苏大学出版社．

王炳南，2016．包装设计[M]．北京：文化发展出版社．

王亚非，2014．平面设计基础[M]．沈阳：辽宁美术出版社．

徐敏，2012．Illustrator CS4 实战教程[M]．北京：电子工业出版社．

叶华，2010．Illustrator CS4 操作答疑与艺术设计[M]．北京：兵器工业出版社，北京希望电子出版社．

亿瑞设计，2013．画卷：Illustrator CS5 从入门到精通[M]．北京：清华大学出版社．

张丕军，杨顺花，张婉，等，2013．Illustrator CS6 平面设计全实例[M]．北京：海洋出版社．

Adobe 公司，2014．Adobe Illustrator CS6 中文版经典教程（彩色版）[M]．武传海，译．北京：人民邮电出版社．

Flair，Graphic 社编辑部，2015．海报设计：电影、展览、音乐会、舞台剧等专业级海报设计与制作[M]．北京：人民邮电出版社．